기초 수리모델링을 위한

대학수학(I)

수학과 교재 편찬 위원회 지음

부산대학교출판문화원

기초 수리모델링을 위한

대학수학(I)

초판 1쇄 2024년 2월 22일
초판 2쇄 2025년 8월 29일

저자 수학과 교재 편찬 위원회
김상일 김영락 김유식 김준교 김현민 변종혁 윤지훈 이동희 이미경
이미진 이상율 이진기 장동훈 조유영 조홍래 최영준 표준철

디자인 배영미
편 집 박지현
펴낸이 최재원
펴낸곳 부산대학교출판문화원

출판등록 제1983-000001호 1983. 11. 10.
부산광역시 금정구 부산대학로63번길 2
대표전화 051-510-1932 전송 051- 512-7812
http://press.pusan.ac.kr

ISBN **978-89-7316-786-9 93410**

※ 이 도서는 부산대학교출판문화원의 강의교재 개발 지원사업(2024-1)지원으로 제작되었습니다.

기초 수리모델링을 위한

대학수학(I)

수학과 교재 편찬 위원회 지음

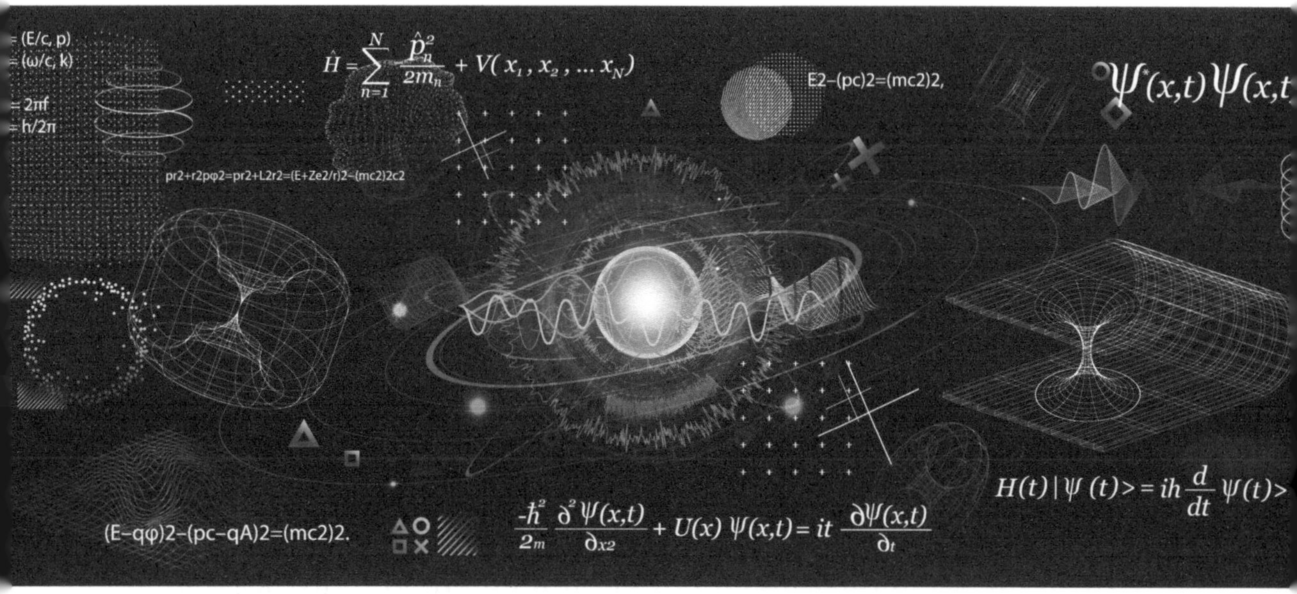

부산대학교출판문화원

| 지은이 머리말 |

수학은 실제 현상과 상황을 분석하는 언어이다. 분석된 자연 현상을 이용하기 위하여 수학적으로 기술하는 것을 수리모델링이라고 한다. 수리모델링을 통해서 특별한 현상을 분석하여 그 해를 찾고 일반적인 현상에 대한 미래를 예측하는 것은 매우 중요하다. 따라서 이학, 의학, 약학, 공학, 경제학 등 다양한 분야에서 여러 가지 문제를 수학적으로 분석하여 문제 해결 능력을 높이고 각 계열의 전공과 연계된 수학교육은 반드시 필요하다. 이와 같은 관점에서 기초 이론에만 그치는 수학이 아니라 전공의 필요에 따라 수학을 어떻게 활용하는지, 수학의 역할이 얼마나 중요한지를 알 수 있게 될 것이다.

즉, 본 교재의 근본적인 목적은 기초 수리모델링을 위한 이론에만 그치는 것이 아니라 각 전공에 대한 수학의 실용성을 알게 하고 그 전공에 도움이 되도록 하는 것이다.

본 교재는 기존의 수학 이론을 바탕으로 실제 각 계열의 전공에 맞는 다양한 문제를 다룰 수 있도록 구성하고 있다.

미적분, 벡터, 행렬, 선형대수, 미분방정식 등의 이론을 바탕으로 실제로 일어난 현상을 설명하고 예측할 수 있는지 학습한다. 수학을 전공하는 학생뿐만 아니라 인구의 변화, 자연 현상의 변화, 치료 모델 등 다양한 문제를 다루는 사회과학, 자연, 의학, 약학 계열의 전공 학생들에게 수학의 중요성을 알리고 수학을 자신의 전공에 적용시키는 기초 교재가 될 것이다.

본 교재는 다음과 같이 구성되어 있다.

1장에서는 실제 현상을 분석하는 데 있어 그 현상의 해로 많이 다루어지는 함수에 대해 살펴본다. 이와 같은 함수의 정의와 성질을 살펴보고 함수를 이용하는 다양한 응용문제를 다루어 본다.

2장에서는 미분의 전체적인 개념과 미분법의 응용을 소개한다. 미분에서 중요한 정리로 알려진 로피탈의 법칙과 미분의 평균값 정리의 응용문제를 다루어 본다.

3장에서는 적분의 전체적인 개념과 적분법의 응용을 소개한다. 부정적분, 정적분, 미적분학의 기본 정리의 개념과 실제 응용문제를 다루어 본다.

4장에서는 벡터와 행렬의 전체적인 개념과 응용을 소개한다. 행렬의 기본 개념과 연립방정식의 해를 구하고 관련된 응용문제를 다루어 본다.

5장에서는 1계 미분방정식에 대한 기본적인 개념을 배우고 표준적인 방법을 이용하여 주어진 미분방정식을 풀어본다.

6장에서는 2계 미분방정식에 대한 기본적인 개념을 배우고 표준적인 방법을 이용하여 주어진 미분방정식을 풀어본다.

7장에서는 연립 미분방정식에 대한 기본적인 개념을 배우고 표준적인 방법을 이용하여 주어진 미분방정식을 풀어본다.

8장에서는 미분방정식을 통해 다양한 자연 계열 현상을 수학적 모형으로 만들고 그 해를 찾아 다양한 예측과 분석을 할 것이다.

9장에서는 의약학 계열과 관계된 다양한 실제 문제를 수학적으로 어떻게 분석하고 예측하는지를 다루어 본다.

그리고 책이 나오기까지 도움을 주신 교수님들과 출판에 협조해 주신 부산대학교출판문화원 관계자분께 감사를 드립니다.

2024년 2월,
지은이 일동

| 차 례 |

Chapter 01

함수와 응용

Functions and Applications

이 장에서는 실제 현상을 분석하는데 많이 다루어지는 함수와 연속함수에 대해 살펴본다. 주기함수인 삼각함수는 전자파나 파동과 같은 현상에서 자주 나타나는 함수이고 박테리아의 증식과 같은 현상은 지수함수와 관련되어 있다. 또한 현수선 문제와 같은 현상은 쌍곡선함수로 표현된다. 이와 같은 함수의 정의와 성질들은 미적분학 과정에서 많은 부분 학습되어 있을 것이다. 삼각함수와 역삼각함수, 지수함수와 로그함수, 쌍곡선함수의 기본 정의를 살펴보고 성질이나 그래프 등을 간단히 소개한다. 그리고 이러한 함수를 이용하여 다양한 응용문제를 다루어 본다.

Chapter 01 **함수와 응용**

1.1 삼각함수 및 역삼각함수와 응용

직각삼각형의 삼각비에서 유도되는 삼각함수는 주기적으로 반복되는 현상을 분석하는 중요한 함수이다. 삼각함수의 정의와 다양한 성질들은 고등 수학에서 학습하였으므로 함수의 그래프만 간단하게 소개하고 삼각함수의 역함수에 대하여 알아본다. 응용 부분에서는 삼각함수가 적용되는 실생활 문제를 살펴보자.

삼각함수

(1) $f(x)=\sin x$

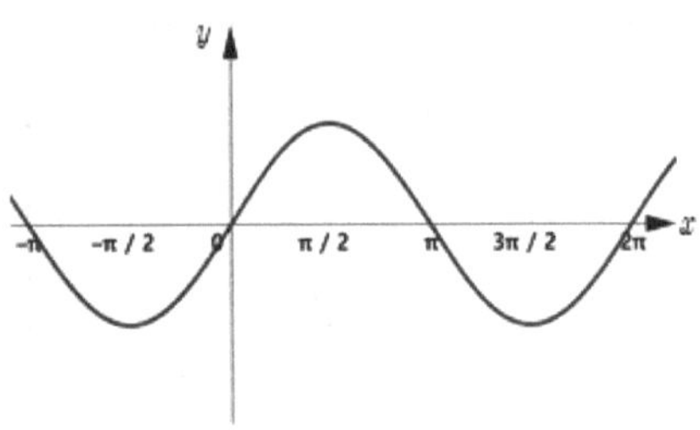

[그림 1] $y=\sin x$

(2) $f(x)=\cos x$

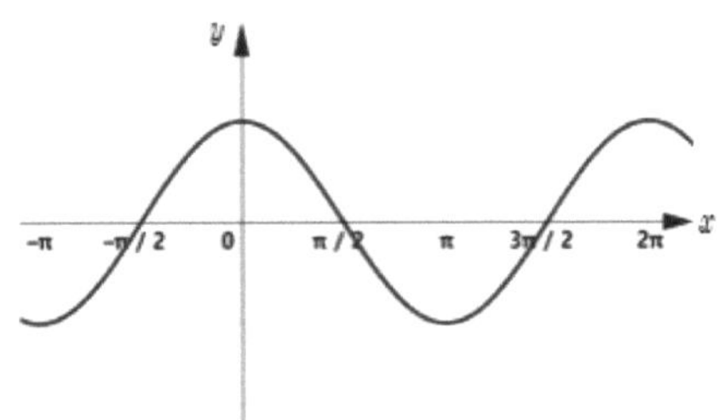

[그림 2] $y=\cos x$

(3) $f(x)=\tan x=\dfrac{\sin x}{\cos x}$

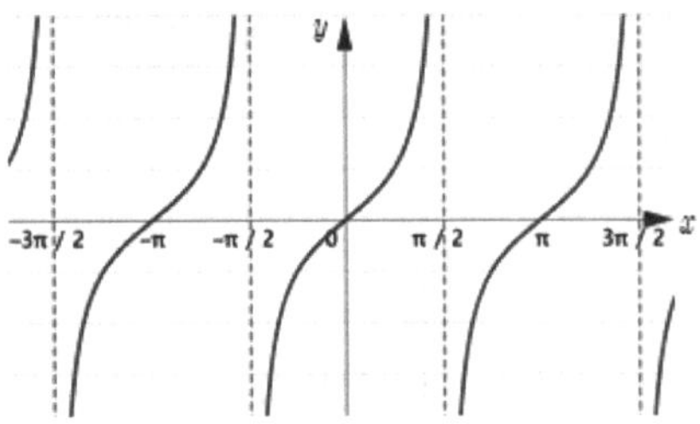

[그림 3] $y=\tan x$

(4) $f(x)=\sec x=\dfrac{1}{\cos x}$

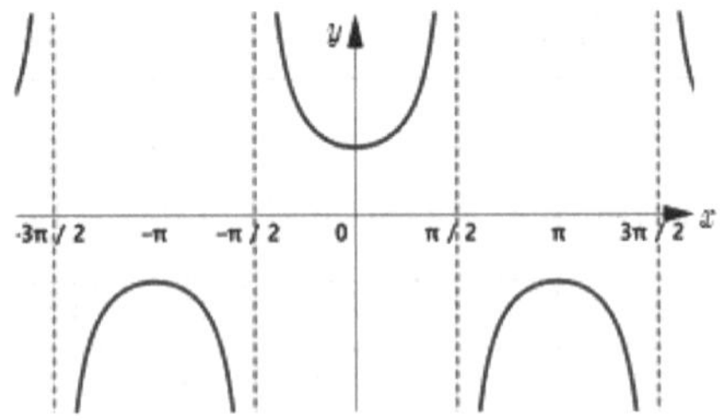

[그림 4] $y=\sec x$

(5) $f(x)=\csc x=\dfrac{1}{\sin x}$

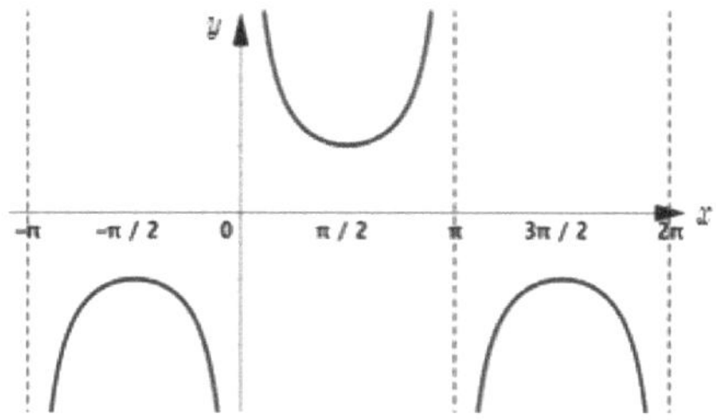

[그림 5] $y=\csc x$

(6) $f(x)=\cot x=\dfrac{\cos x}{\sin x}$

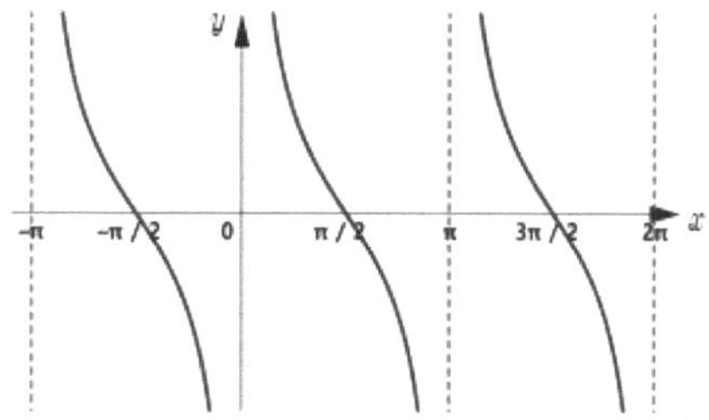

[그림 6] $y=\cot x$

역삼각함수

함수 $y=x^2$는 실수 전체에서 역함수가 존재하지 않지만 정의역을 $x\geq 0$로 제한하면 역함수를 구할 수 있다. 이런 관점에서 삼각함수의 역함수에 대하여 살펴보자.

(1) 역사인함수(arcsine function)

함수 $y=\sin x$의 정의역을 $\left[-\dfrac{\pi}{2},\dfrac{\pi}{2}\right]$로 제한하면 역함수가 존재하고 다음과 같이 **역사인함수**를 정의한다.

$y=\arcsin x=\sin^{-1}x \Leftrightarrow \sin y=x$, 정의역:$-1\leq x\leq 1$, 치역:$-\dfrac{\pi}{2}\leq y\leq\dfrac{\pi}{2}$

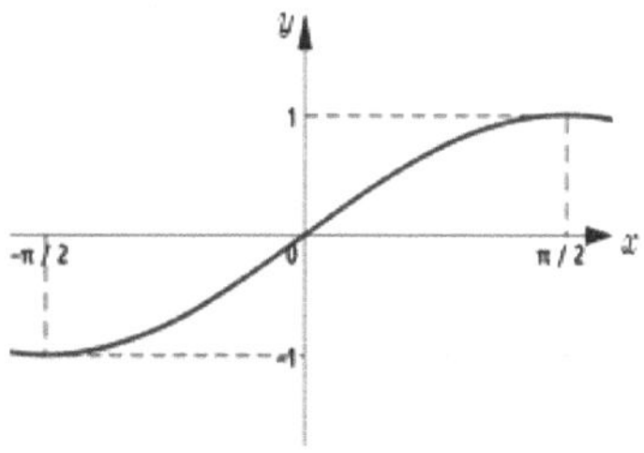

[그림 7] $y=\sin x$

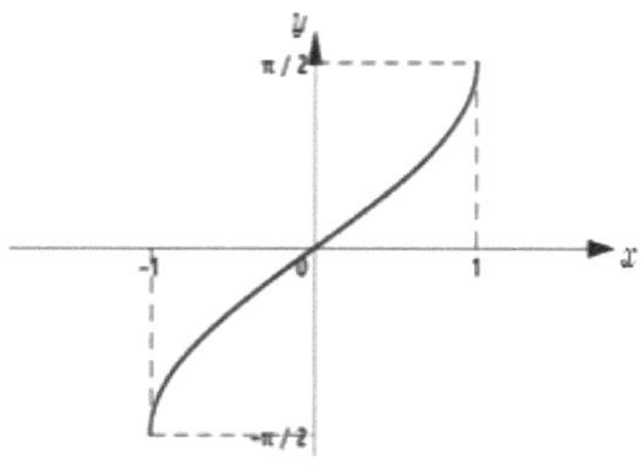

[그림 8] $y=\sin^{-1}x$

(2) 역코사인함수(arccosine function)

함수 $y=\cos x$의 정의역을 $[0,\pi]$로 제한하면 역함수가 존재하고 다음과 같이 **역코사인함수**를 정의한다.

$y=\arccos x=\cos^{-1}x \Leftrightarrow \cos y=x$, 정의역:$-1\leq x\leq 1$, 치역:$0\leq y\leq\pi$

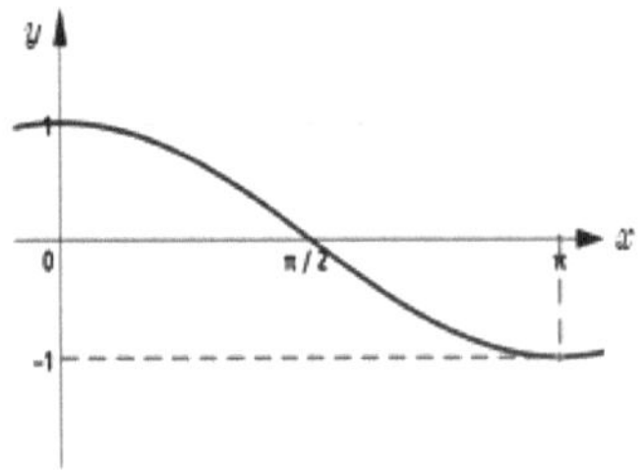

[그림 9] $y = \cos x$

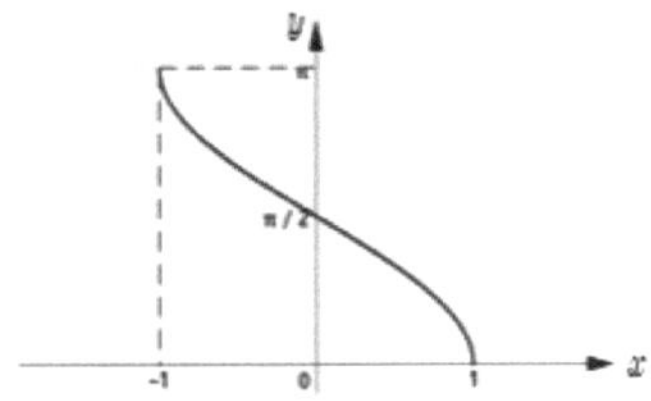

[그림 10] $y = \cos^{-1} x$

(3) 역탄젠트함수(arctangent function)

함수 $y = \tan x$의 정의역을 $\left(-\frac{\pi}{2}, \frac{\pi}{2}\right)$로 제한하면 역함수가 존재하고 다음과 같이 **역탄젠트함수**를 정의한다.

$y = \arctan x = \tan^{-1} x \Leftrightarrow \tan y = x$, 정의역: $-\infty < x < \infty$, 치역: $-\frac{\pi}{2} < y < \frac{\pi}{2}$

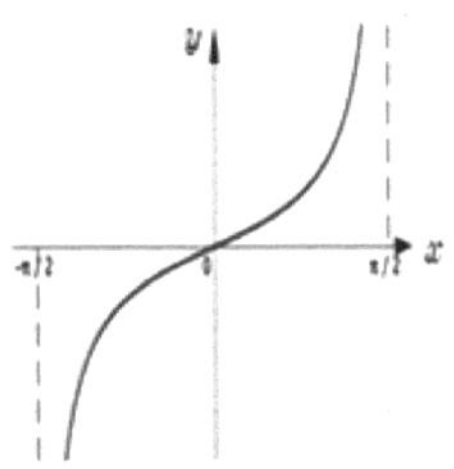

[그림 11] $y = \tan x$

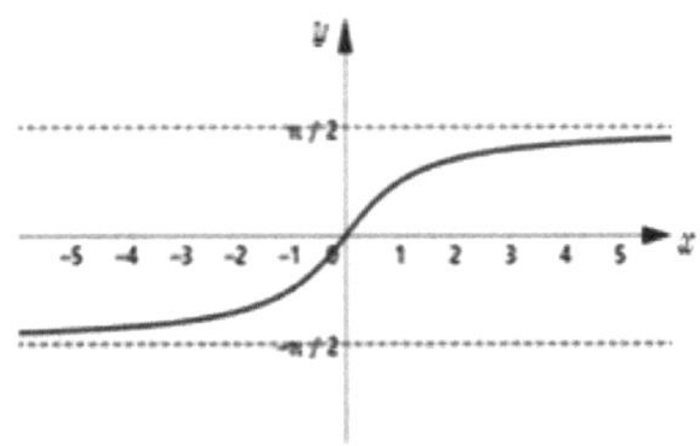

[그림 12] $y = \tan^{-1} x$

유사한 방법으로 다른 삼각함수의 역함수를 다음과 같이 정의할 수 있다.

(4) 역코시컨트함수

$$y = \operatorname{arc}\csc x = \csc^{-1} x \Leftrightarrow \csc y = x,$$

$$\text{정의역}: x \in (-\infty, -1] \cup [1, \infty), \ \text{치역}: y \in \left[-\frac{\pi}{2}, 0\right) \cup \left(0, \frac{\pi}{2}\right]$$

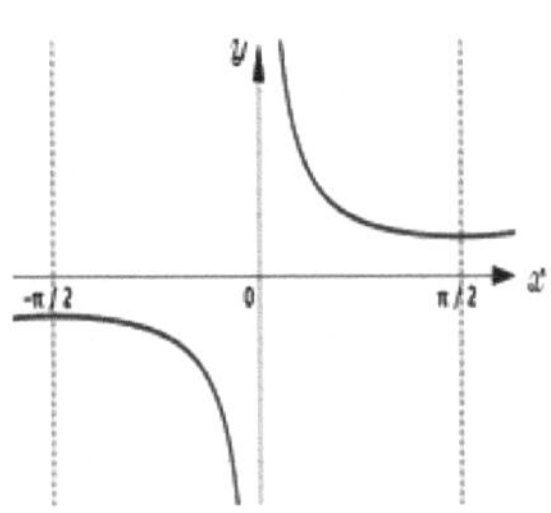

[그림 13] $y = \csc x$

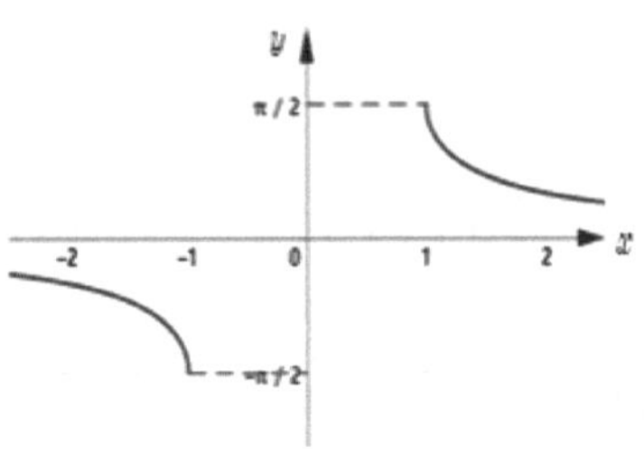

[그림 14] $y = \csc^{-1} x$

(5) 역시컨트함수

$$y = \mathrm{arc\,sec}\,x = \sec^{-1}x \iff \sec y = x,$$

$$\text{정의역:}x \in (-\infty, -1] \cup [1, \infty),\ \text{치역:}y \in \left[0, \frac{\pi}{2}\right) \cup \left(\frac{\pi}{2}, \pi\right]$$

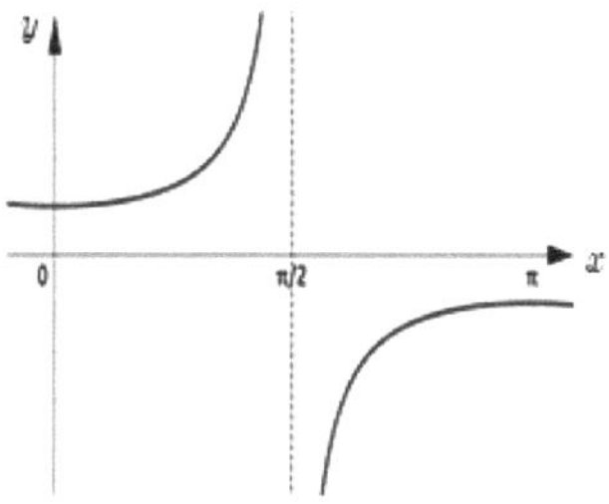

[그림 15] $y = \sec x$

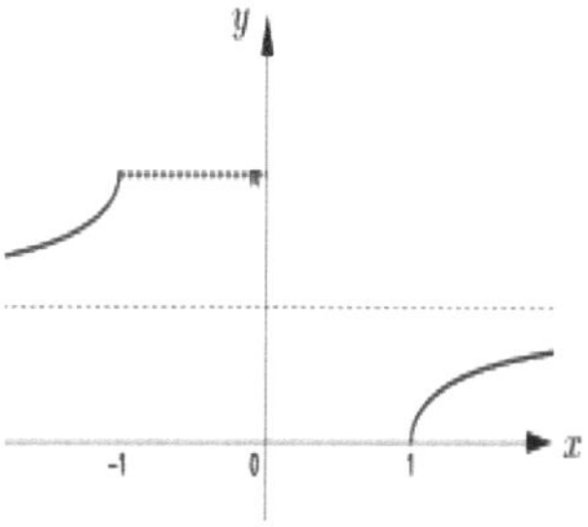

[그림 16] $y = \sec^{-1}x$

(6) 역코탄젠트함수

$y = \mathrm{arc\,cot}\,x = \cot^{-1}x \iff \cot y = x$, 정의역:$x \in (-\infty, \infty)$, 치역:$y \in (0, \pi)$

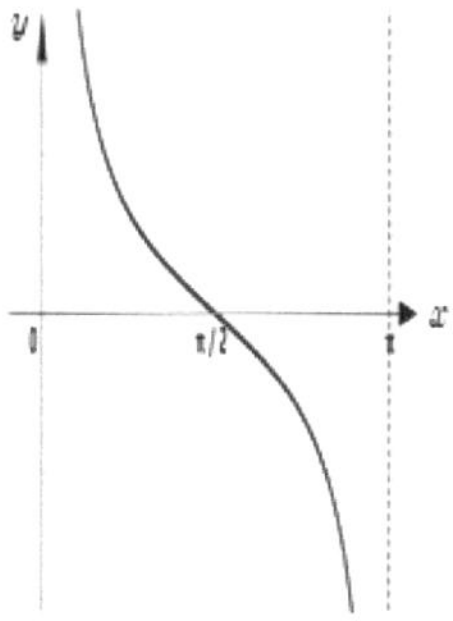

[그림 17] $y = \cot x$

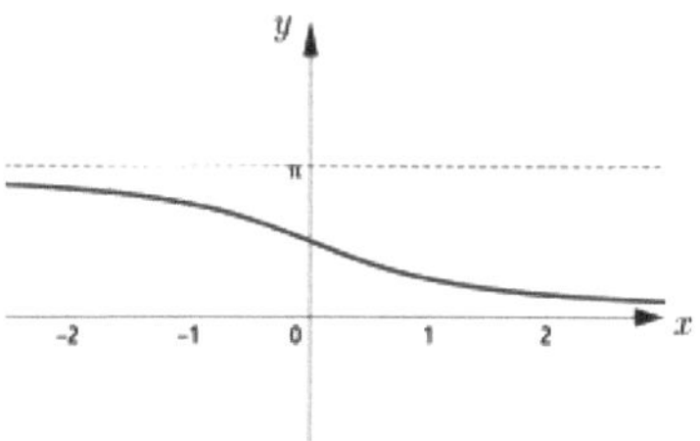

[그림 18] $y = \cot^{-1}x$

삼각함수의 실생활 문제

삼각함수를 이용하여 직접 측정할 수 없는 두 위치상의 거리를 구해 보자.

예제 1

$300m$ 떨어진 두 지점 A, B에서 열기구가 위치한 C지점까지의 거리를 구하기 위하여 각의 크기를 측정하였다. 지점 A에서 열기구를 바라본 각도와 지점 B에서 바라본 각도가 각각 75°, 30° 이다.

(1) A 지점에서 C 지점까지의 거리를 구하여라.

(2) B 지점에서 C 지점까지의 거리를 구하여라.

〘 풀이 〙

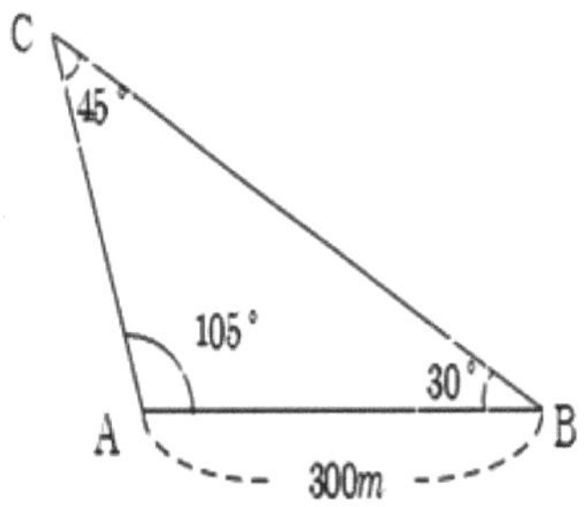

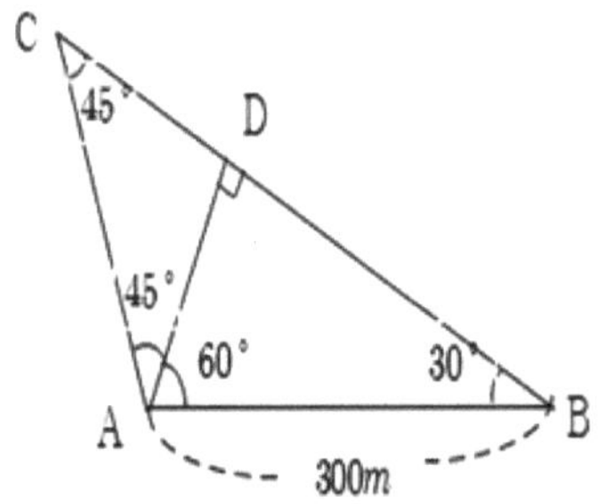

(1) 꼭짓점 A에서 변 BC에 내린 수선의 발을 D라 하자. 직각삼각형 ABD에서

$\sin 30^\circ = \dfrac{\overline{AD}}{300}$ 이므로 $\overline{AD} = 300 \times \sin 30^\circ = 300 \times \dfrac{1}{2} = 150$ 이다.

한편, 직각삼각형 ADC 에서 $\angle CAD = 45^\circ$ 이고, $\cos 45^\circ = \dfrac{\overline{AD}}{\overline{CA}} = \dfrac{150}{\overline{CA}}$

$\overline{CA} = 150 \times \dfrac{1}{\cos 45^\circ} = 150\sqrt{2}$ 이므로 A지점에서 C 지점까지의 거리는 $150\sqrt{2}$ 이다.

(2) $\overline{CD} = \overline{AD} = 150$, $\overline{BD} = 300 \times \dfrac{\sqrt{3}}{2} = 150\sqrt{3}$ 이므로

$\overline{BC} = \overline{CD} + \overline{BD} = 150(1+\sqrt{3})$ 이다.

연습문제 1.1

1. 함수 $f(x)=a\cos bx+c\,(a>0, b>0)$의 최댓값이 7이고 최솟값이 -1이며 주기가 π일 때 $a+b+c$의 값을 구하여라.

※ [문제 2~3] 다음 삼각 방정식과 부등식을 풀어라.

2. $\sqrt{3}\tan 2x=1\left(0\le x<\dfrac{\pi}{4}\right)$

3. $2\cos^2 x-\sin x-1=0\;\;(0\le x\le\pi)$

4. $\sin x<\dfrac{1}{2}\;(0\le x\le 2\pi)$

※ [문제 5~8] 다음 값을 구하여라.

5. (1) $\sin^{-1}\left(\dfrac{1}{2}\right)$ (2) $\sin\left[2\sin^{-1}\left(-\dfrac{2}{3}\right)\right]$

6. (1) $\cos^{-1}\left(-\dfrac{1}{2}\right)$ (2) $\cos\left[\cos^{-1}\left(-\dfrac{4}{5}\right)+\sin^{-1}\left(-\dfrac{12}{13}\right)\right]$

7. (1) $\tan^{-1}(-1)$ (2) $\sec^{-1}(-2)$

8. (1) $\cot^{-1}(-1)$ (2) $\csc^{-1}\left(\dfrac{2}{\sqrt{3}}\right)$

9. 어느 지역의 t월의 월평균 기온은

$$T(t)=6+12\cos\frac{\pi}{6}(t-1)$$

이다. 이 지역의 월평균 기온이 영하인 달이 $m\le t\le M$일 때 $M-m$을 구하여라. (단, m, M은 12이하의 자연수이다.)

1.2 지수함수 및 로그함수와 응용

변수 x가 지수에 있는 함수인 지수함수는 세포 분열, 바이러스 전파, 방사능 물질의 증가 및 감소, 인구증가 모델과 같은 자연과 사회 현상의 수리모델에 이용된다.

지수함수

임의의 실수 $a>0$에 대하여 $f(x)=a^x$을 **지수함수**(exponential function)라 한다. 이때 a을 **밑**, x을 **지수**라 한다.

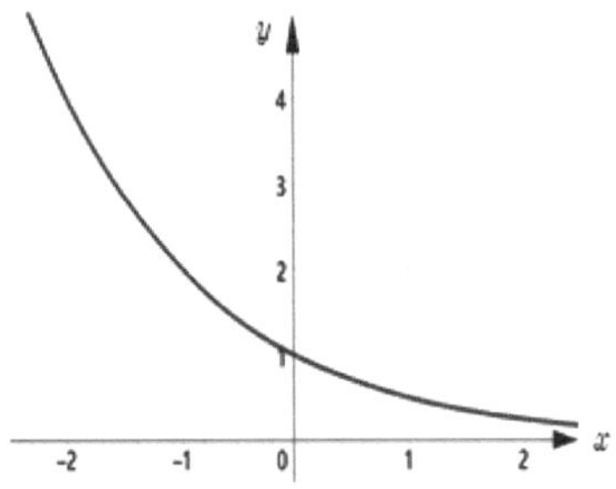

[그림 1] $y=a^x\,(0<a<1)$

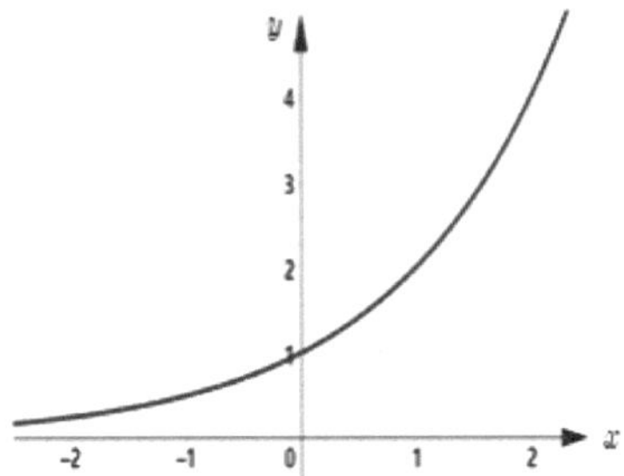

[그림 2] $y=a^x\,(a>1)$

특히, 밑 a의 값이 $e \approx 2.7182818\cdots$인 지수함수 $f(x)=e^x$을 **자연지수함수**라 한다.

지수함수의 실생활 문제

지수함수를 이용하여 미생물이나 박테리아의 개체 수를 예측해 보자.

예제 1

10시간마다 개체 수가 4배가 되는 미생물이 있다. 지금부터 5시간 후 개체 수가 1500개이고 시간 t에서 미생물의 개체 수를 $y(t)$라 할 때 $y(t)=v_0\,e^{kt}$이라 하자. 단, v_0는 처음 개체 수이고 k는 상수이다.

(1) 처음 있었던 미생물의 개체 수를 구하여라.

(2) 30시간 후 개체 수를 구하여라.

【 풀이 】

(1) 처음 개체 수는 $y(0)=v_0$이고 10시간마다 개체 수가 4배이므로 $e^{10k}=4$이다. 5시간 후 개체 수가 1500개이므로 $v_0e^{5k}=1500$이다. $e^{10k}=(e^{5k})^2=4$이고 $e^{5k}=2$이므로 $v_0=750$이다.

(2) 30시간 후의 개체 수는 $y(30)=v_0e^{30k}=750(e^{5k})^6=750(2)^6=48000$이다.

지수함수를 이용하여 반감기를 가지는 원소의 양을 예측해 보자.

예제 2

비스무트($_{83}Bi$) 는 질소족 원소로 광석으로 산출되며 안료, 화장용 분 등에 사용되며 액체에서 고체가 될 때 부피가 늘어나는 성질을 가진다. 자연계에 존재하는 비스무트 동위원소는 6종이며 이 중 비스무트-210은 붕괴 계열이 라듐 계열의 동위원소로 반감기가 짧아 자연계에 극미량 존재하고 비스무트-210의 반감기는 5일이다. t일 후 비스무트-210가 남아 있는 양은

$$y(t)=v_0\left(\frac{1}{2}\right)^{\frac{1}{5}t}$$

이다. 단, v_0는 처음 양이다. 비스무트-210 샘플의 질량이 $100mg$일 때 20일 후 남아 있는 양을 구하여라.

【 풀이 】

비스무트-210 샘플의 질량이 $100mg$일 때 20일 후 남아 있는 양은

$100\left(\frac{1}{2}\right)^{\frac{20}{5}}=\frac{25}{4}=6.25$이다.

NOTE

20일 후에는 4번의 반감기가 적용되므로 $y(t)=v_0\left(\frac{1}{2}\right)^4$이다.

지수함수의 역함수로 정의되는 로그함수는 지진, 미세 먼지, 천문학 등 다양한 분야의 현상을 분석하는 함수로 사용되는 함수이며 역함수의 개념과 로그함수의 다양한 성질들은 고등 수학에서 학습되었으므로 그래프만 소개하고 그 응용을 살펴본다.

로그함수

$x = a^y$일 때 $y = \log_a x\,(a > 0,\ a \neq 1)$라 정의하고 이때 y을 **로그함수**(logarithmic function)라 한다. 이때 a을 **밑**, x을 **진수**라 한다.

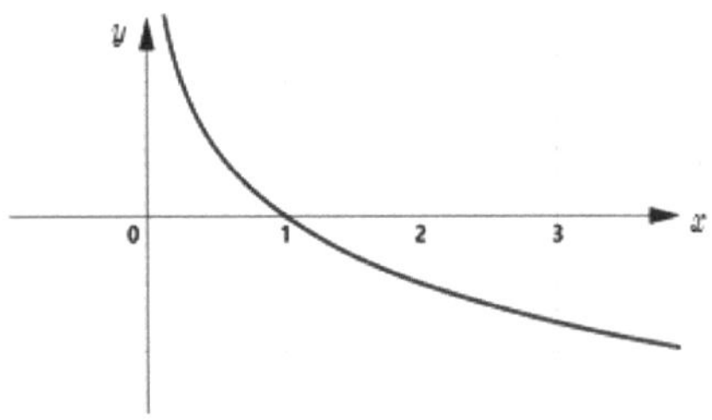

[그림 3] $y = \log_a x\,(0 < a < 1)$

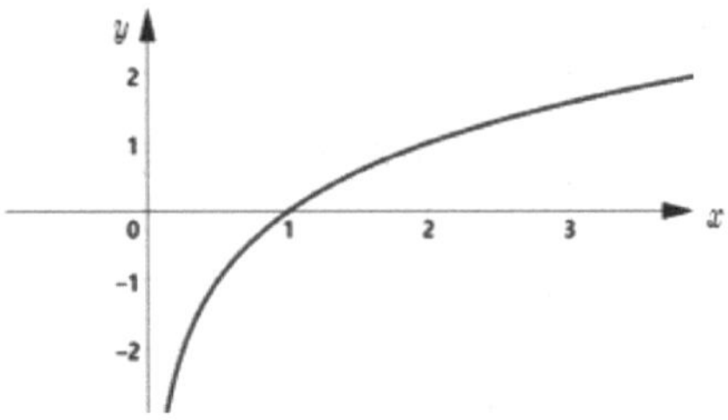

[그림 4] $y = \log_a x\,(a > 1)$

특히, 밑 $a = e$인 로그함수 $f(x) = \log_e x$을 **자연로그함수**라 하며, $f(x) = \ln x$로 표현한다.

로그함수의 실생활 문제

로그함수를 이용하여 원하는 전하량을 충전되는 데 걸리는 시간을 예측해 보자.

예제 3

카메라의 플래시가 터졌을 때 카메라의 축전기에 즉시 전하가 충전된다. 이때 시간에 따른 충전된 전하량은

$$Q(t) = Q_0\left(1 - e^{-\frac{1}{2}t}\right)$$

의 형태로 나타난다.

(1) 전하량에 관한 시간 함수 t를 구하여라.

(2) 전하량의 80%가 충전되는 데 걸리는 시간을 구하여라.

〘 풀이 〙

(1) $\frac{Q(t)}{Q_0}=1-e^{-\frac{1}{2}t}$을 얻을 수 있고 $t=-2\ln\left(1-\frac{Q(t)}{Q_0}\right)$의 로그함수 식으로 변형할 수 있다.

(2) 전하량의 80%는 $\frac{Q(t)}{Q_0}$의 값이 0.8가 됨을 의미한다. 따라서 전하량의 80%가 충전되는 데 걸리는 시간을 구하면 $t=-2\ln 0.2$이다.

로그함수를 이용하여 n개의 박테리아 개체 수가 되는 시간을 구해 보자.

예제 4

박테리아 개체 수가 1000마리이고 2시간마다 두 배가 된다고 하면 t시간 후의 박테리아 수는 $n=f(t)=1000\cdot 2^{\frac{1}{2}t}$($n$은 박테리아 개체 수, t는 시간)이다.

(1) 함수 f의 역함수를 구하고 그 의미를 설명하여라.

(2) 박테리아 개체 수가 20000마리가 되는 시간을 구하여라.

〘 풀이 〙

(1) 역함수를 구해 보면 $n=1000\cdot 2^{\frac{t}{2}} \Rightarrow \frac{n}{1000}=2^{\frac{t}{2}} \Rightarrow \frac{t}{2}=\log_2\left(\frac{n}{1000}\right)$이므로 역함수는 $t=2\log_2\left(\frac{n}{1000}\right)$이다. 함수 $f(t)$가 시간 t에 따른 박테리아 개체 수를 알 수 있다면 역함수는 n개의 박테리아 개체 수가 되는 시간을 알 수 있다.

(2) 박테리아 개체 수가 20000마리가 되는 시간은 $n=20000$이므로 $t=2\log_2\left(\frac{20000}{1000}\right)=2\log_2 20$이다.

소리의 상대적 세기는 소리의 세기와 음원으로부터 떨어진 관계식으로 나타나는데 이 관계식에서 로그함수가 사용된다. 다음 예제를 통하여 소리의 상대적 세기를 구해 보자.

예제 5

소리의 세기가 $I(W/cm^2)$인 음원으로부터 $d(cm)$만큼 떨어진 지점에서 측정된 소리의 상대적 세기를 P(데시벨)이라 하면 관계식은 $P=10\left(12+\log_{10}\frac{I}{d^2}\right)$이 성립한다. 소리의 세기가 $a(W/cm^2)$인 음원으로 $100(cm)$만큼 떨어진 지점에서 측정된 소리의 상대적 세기가 100(데시벨)일 때 a의 값을 구하여라.

〖 풀이 〗

$$100=10\left(12+\log_{10}\frac{a}{100^2}\right) \Rightarrow -2=\log_{10}\frac{a}{100^2} \Rightarrow a=10^{-2}\times 10^4=100$$

이다. 따라서 $a=100$이다.

연습문제 1.2

1. $2^{2x-3}=16^{x+1}$을 만족하는 x을 구하여라.

2. $2^{x+1}=3$일 때 $\left(\frac{1}{4}\right)^{-x}$의 값을 구하여라.

3. $5^x=27,\ 45^y=9$일 때 두 실수 x, y에 대하여 $\frac{3}{x}-\frac{2}{y}$의 값을 구하여라.

※ [문제 4~5] 다음 지수 방정식의 해를 구하여라.

4. $4^{x+1}-4^x=24$

5. $2^{2x}+2^{-2x}=2^x+2^{-x}$

6. $\log_8 6-\log_8 3+\log_8 2$의 값을 구하여라.

7. $a=2\log_8 3+\log_8 6-\log_8 2,\ f(x)=(\sqrt{2})^x$일 때, $f(a)$의 값을 구하여라.

※ [문제 8~9] 다음 로그 방정식과 부등식의 해를 구하여라.

8. $\ln 5-\frac{1}{2}\ln(x^2+1)=\ln 4$

9. $\log_5(x-2)<3$

10. 어떤 유산균 음료에 유산균의 수가 1000마리 일 때 t분 후 유산균의 수 $N(t)$는

$$N(t)=1000\times 2^{\frac{t}{20}}$$

가 성립한다. 유산균의 수가 32000마리가 되는 시간을 구하여라.

11. 지진의 세기를 나타낼 때 규모라는 단위를 사용한다. 지진의 최대 진폭이 x 마이크로미터(μm)일 때 규모 $y=\log_{10}x$의 관계식이 성립한다. 규모 6.2인 지진의 최대 진폭은 규모 3.7인 지진의 최대 진폭의 몇 배인가?

1.3 쌍곡선함수와 응용

쌍곡선함수는 현수선이나 이상적인 파도, 양 끝에 매달린 전화선을 나타내는 함수이며 빛, 속도, 전기, 방사능과 같이 실체가 점진적으로 흡수되거나 소멸되는 경우 등 다양한 응용 분야에서 나타나는 함수이다. 쌍곡선함수는 지수함수 e^x와 e^{-x}을 적당히 결합하여 정의되지만 삼각함수와 유사한 성질들이 많은 함수이다.

쌍곡선함수

모든 실수 $x \in (-\infty, \infty)$에 대하여 쌍곡선 함수는 다음과 같이 정의한다.

$$\sinh x = \frac{e^x - e^{-x}}{2} \qquad \cosh x = \frac{e^x + e^{-x}}{2}$$

$$\tanh x = \frac{\sinh x}{\cosh x} \qquad \operatorname{cosech} x = \frac{1}{\sinh x}$$

$$\operatorname{sech} x = \frac{1}{\cosh x} \qquad \coth x = \frac{\cosh x}{\sinh x}$$

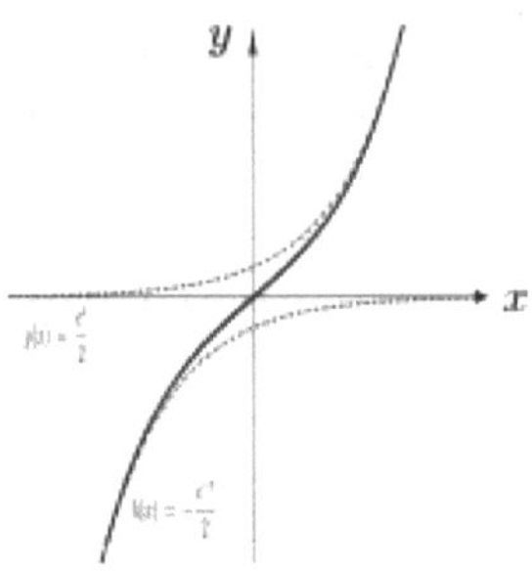

[그림 1] $y = \sinh x$

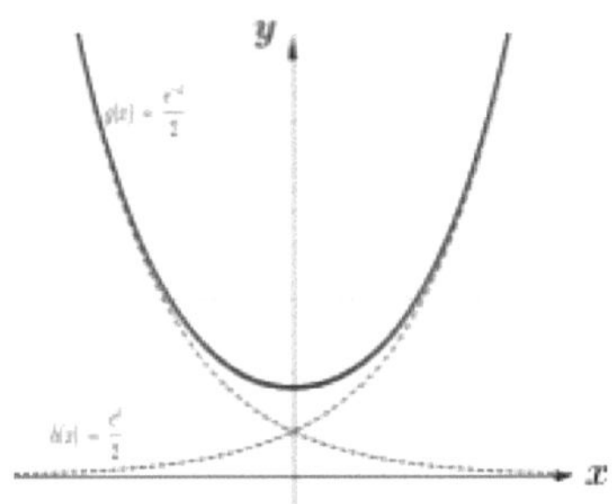

[그림 2] $y = \cosh x$

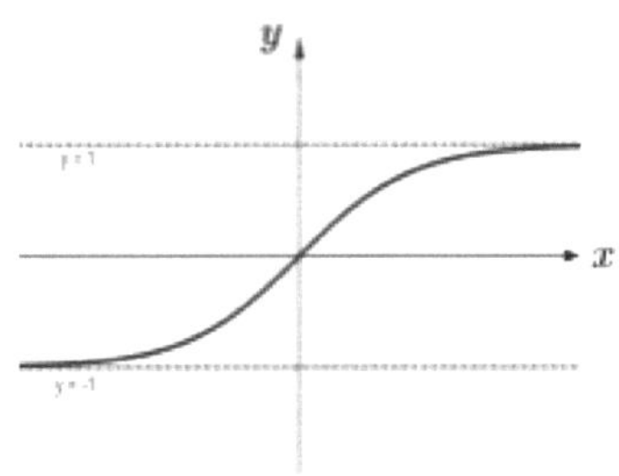

[그림 3] $y = \tanh x$

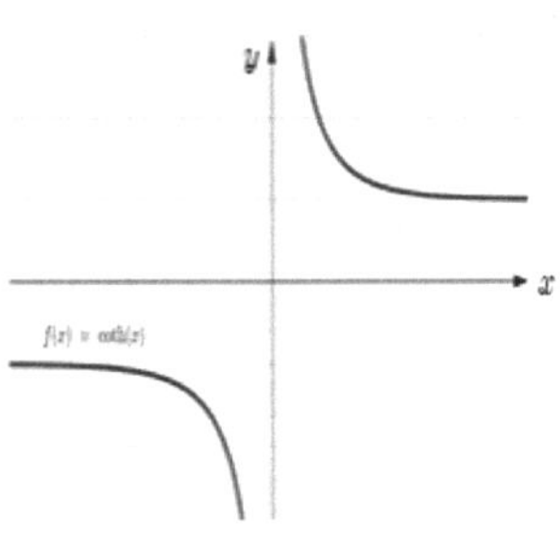

[그림 4] $y = \operatorname{cosech} x$

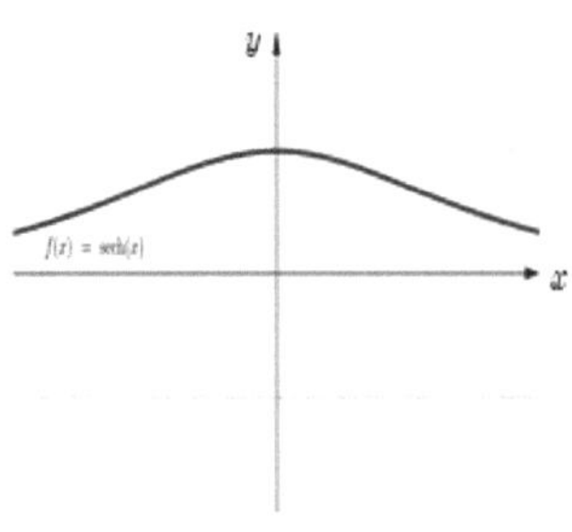

[그림 5] $y = \operatorname{sech} x$

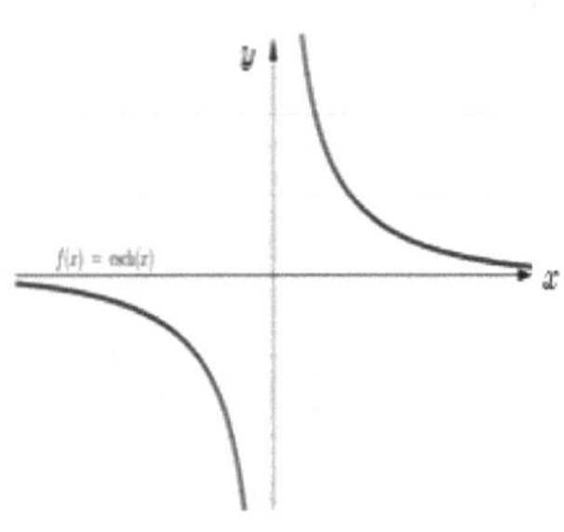

[그림 6] $y = \coth x$

쌍곡선함수의 실생활 문제

예제 1

사리넨이 설계한 세인트루이스의 게이트웨이 아치는 방정식

$$y = f(x) = 211.49 - (20.96)\cosh(0.03291765\,x)\ (|x| \le 91.20)$$

을 이용하여 건설되었다. 아치의 중앙 부분의 높이를 구하여라.

〖 풀이 〗

아치의 중앙 부분의 높이는 $y(0) = 211.49 - (20.96)\cosh(0)$이고 $\cosh(0) = 1$이므로 $y(0) = 211.49 - 20.96 = 190.53$이다.

이상적인 바다의 파도에 관련된 쌍곡선함수를 살펴보자.

예제 2

수심이 d인 바다에 길이가 L인 파도가 속도 v로 움직인다면 파도 속도는

$$v(d) = \sqrt{\frac{gL}{2\pi}\tanh\left(\frac{2\pi \mathrm{d}}{\mathrm{L}}\right)}$$

이다. 단, g는 중력가속도이다. 수심이 아주 깊은 바다의 파도 속도는 얼마로 수렴하겠는가?

〖 풀이 〗

수심이 계속 깊어진다는 것은 $d \to \infty$임은 의미하고 $\lim_{x \to \infty} \tanh x = 1$이므로 수심이 깊은 바다의 파도 속도는 $v = \lim_{d \to \infty} \sqrt{\frac{gL}{2\pi}\tanh\left(\frac{2\pi d}{L}\right)} = \sqrt{\frac{gL}{2\pi}}$ 이다.

연습문제 1.3

1. $\sinh(\ln 2) + \cosh(\ln 3)$의 값을 구하여라.

2. $\cosh^2 x - \sinh^2 x = 1$임을 보여라.

3. $1 - \tanh^2 x = \text{sech}^2 x$임을 보여라.

4. $\sinh(x+y) = \sinh x \cosh y + \cosh x \sinh y$ 임을 보여라.

5. $\dfrac{1+\tanh x}{1-\tanh x}$를 지수함수로 간단히 표현하여라.

6. $(\cosh x + \sinh x)^n = \cosh nx + \sinh nx$임을 보여라.

7. $\cosh \dfrac{x}{2} = \sqrt{\dfrac{\cosh x + 1}{2}}$ 임을 보여라.

8. $\tanh x = \dfrac{5}{13}$일 때 $\cosh x$값을 구하여라.

9. $\displaystyle\lim_{x \to -\infty} \frac{\sinh x}{e^{-x}}$의 값을 구하여라.

10. 낙하하는 물체의 t초 후 속도 $v(t)$는

$$v(t) = \sqrt{\frac{mg}{k}} \tanh\left(t\sqrt{\frac{gk}{m}}\right)$$

을 만족한다. 여기서 m은 물체의 질량, $g = 9.8m/s^2$은 중력가속도, k는 상수이다. 물체의 최종 속도 $\displaystyle\lim_{t \to \infty} v(t)$을 구하여라.

1.4 연속함수와 응용

연속함수를 정의하고 연속함수의 여러 가지 성질들을 살펴본다. 그리고 연속함수의 해의 존재를 살펴볼 수 있는 사잇값 정리를 소개하고 그것에 관련된 문제를 살펴보자.

연속함수

함수 f가 점 a를 포함하는 열린 구간에서 정의될 때 (1)과 (2)는 동치이다.

(1) f가 a에서 연속이다.

(2) $\lim_{x \to a} f(x) = f(a)$이다.

연속함수에 대하여 다음 성질들이 성립한다.

【 정리 1 】 연속함수의 성질

n을 양의 정수, c를 임의의 상수, f와 g를 $x=a$에서 연속인 함수라 하면

(1) (cf)도 $x=a$에서 연속이다.

(2) $(f \pm g)$도 $x=a$에서 연속이다.

(3) (fg)도 $x=a$에서 연속이다.

(4) $\left(\dfrac{f}{g}\right)$도 $x=a$에서 연속이다(단, $g(a) \neq 0$일 때).

(5) $(f)^n$도 $x=a$에서 연속이다.

(6) $\sqrt[n]{f}$도 $x=a$에서 연속이다(단, n이 짝수 일 때 $f(a) > 0$).

예제 1

함수 $f(x) = \dfrac{x^2 - 4x + 3}{x - 1}$을 모든 실수에서 연속이 되도록 정의하여라.

〖 풀이 〗

함수 $f(x)=\begin{cases} \dfrac{x^2-4x+3}{x-1} &, x\neq 1 \\ L &, x=1 \end{cases}$ 로 생각해 보자. 불연속점에서 함숫값을 극한값으로 정의하면 불연속점을 제거할 수 있다. $x=1$ 에서 $\lim_{x\to 1}\dfrac{x^2-4x+3}{x-1}=\lim_{x\to 1}(x-3)=-2$ 이므로 $L=-2$ 라 하면 함수 $f(x)$는 모든 실수에서 연속함수이다.

이렇게 불연속점을 제거할 수 있을 때 **제거 가능 불연속**이라 한다. 그렇다면 다음 예제의 함수는 모든 실수에서 연속인가? 만약 불연속점이 존재한다면 제거 가능한가?

예제 2

함수 $f(x)=\begin{cases} \dfrac{|x-5|}{x-5} &, x\neq 5 \\ 1 &, x=5 \end{cases}$ 에 대한 $x=5$ 에서의 연속성을 조사하고 불연속이라면 제거 가능 불연속인지 판단하여라.

〖 풀이 〗

$x=5$에서 극한값을 살펴보자. 우극한값은 $\lim_{x\to 5+}\dfrac{x-5}{x-5}=1$이고 좌극한값은 $\lim_{x\to 5-}\dfrac{-(x-5)}{x-5}=-1$이므로 $x=5$에서 극한값이 존재하지 않는다. 그러므로 $x=5$에서 불연속이 되고 이 불연속점을 제거하기 위해서는 그 점에서의 함숫값을 극한값으로 정의해야 한다. 하지만 불연속점에서 극한값이 존재하지 않으므로 불연속점을 제거할 수 없다.

위의 예제에서 살펴보았듯이 모든 불연속점이 제거 가능 불연속은 아니다. 불연속점을 제거하기 위해서는 불연속점에서 극한값이 존재하는 경우에 가능하다는 것을 알 수 있다.

사잇값 정리

함수가 닫힌구간에서 연속이면 다음 중요한 정리를 만족한다. 이 정리를 이용하면 연속함수의 해의 존재성을 보장할 수 있다.

【정리 2】사잇값 정리

함수 f가 닫힌구간 $[a,b]$에서 연속이고 w가 $f(a)$와 $f(b)$사이의 임의의 수라고 하면 $f(c)=w$을 만족하는 점 c가 a와 b사이에 존재한다.

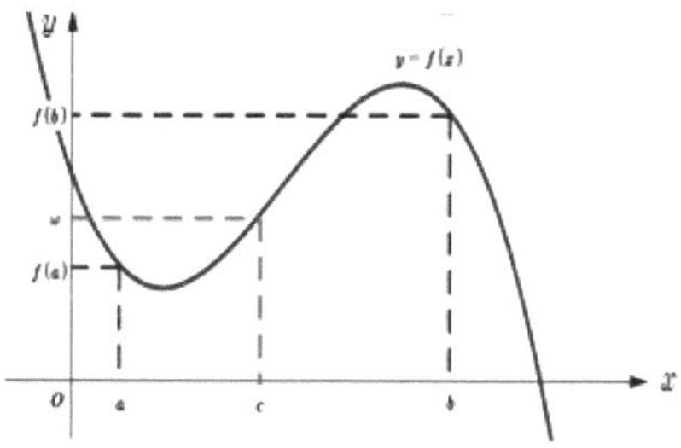

[그림 1]

【따름정리 3】해의 존재

함수 f가 닫힌구간 $[a,b]$에서 연속이고 $f(a)f(b)<0$라 하면 $f(c)=0$인 점 c가 a와 b사이에 존재한다. 여기서 c를 f의 해라 한다.

사잇값 정리에 의해 해의 존재가 보장된다면 수치적 방법으로 오차 이내 범위에서 해를 구하게 된다. 이러한 수치적 방법 중에서 이분법을 소개하자. 이분법은 해가 존재하는 구간을 그 구간의 중점으로 계속 나누어서 해에 접근하는 방법이다.

예제 3

방정식 $x^4+x-3=0$가 닫힌구간 $[1,2]$에서 해가 존재함을 보이고 해를 포함하는 구간의 길이가 $\frac{1}{8}$인 구간을 찾아라.

〖 풀이 〗

함수 $f(x)=x^4+x-3$ 는 모든 실수에서 연속이고 $f(1)=-1<0$, $f(2)=15>0$ 이다. 그러므로 사잇값 정리에 의해 $f(c)=0$ 인 c가 1과 2사이에 존재한다. 이 구간의 중점을 기준으로 c 가 어디에 있는지 알아보자.

구간 $\left[\frac{3}{2},2\right]$에서 $f\left(\frac{3}{2}\right)=\frac{57}{16}>0$ 이고 $f(2)=15>0$ 이므로 이 구간에서 해는 존재하지 않는다. 구간 $\left[1,\frac{3}{2}\right]$에서 $f(1)=-1<0$ 이고 $f\left(\frac{3}{2}\right)=\frac{57}{16}>0$ 이므로 해 c는 1과 $\frac{3}{2}$사이에 존재하게 된다. 주어진 구간에서 같은 작업을 반복하면 구간 $\left[1,\frac{5}{4}\right]$에서 $f(1)=-1<0$이고 $f\left(\frac{5}{4}\right)=\frac{177}{256}>0$ 이 되어 이 구간 안에 c가 존재함을 알 수 있다. 한번 더 반복하면 구간 $\left[\frac{9}{8},\frac{5}{4}\right]$에서 $f\left(\frac{9}{8}\right)=-\frac{1119}{4096}<0$ 이고 $f\left(\frac{5}{4}\right)=\frac{177}{256}>0$ 이 되어 이 구간 안에 c가 존재함을 알 수 있다. 그러므로 해를 포함하는 구간은 $\left[\frac{9}{8},\frac{5}{4}\right]$이다.

연속함수의 실생활 문제

소득세란 개인이 한 해 동안 번 소득에 대해 액수별 기준에 따라 적용하는 세금이다. 소득세 함수는 정의역을 과세 표준으로 하는 다음과 같은 함수로 나타낸다.

$$f(x)=0.06x\,(0\le x\le 1200)$$

$$f(x)=0.15x\,(1200<x\le 4600)$$

$$f(x)=0.24x\,(4600<x\le 8800)$$

$$f(x)=0.35x\,(8800<x\le 15000)$$

$$\vdots$$

이 함수는 과세 표준 구간이 바뀌는 1200, 4600, 8800, 15000, … 금액에서 극한값이 존재하지 않는 불연속함수이다. 이 소득세 함수의 불연속점에서 불합리한 현상이 생기게 되는데, 예를 들어 과세 표준 금액이 4600만 원인 사람과 4601만 원인 사람인 경우 세율이 각각 15%,24%가 적용이 되어, 1만원 더 번 사람이 세금 414만원을 더

내야 하는 불합리한 상황이 발생하게 된다. 이러한 불합리함을 해결하기 위해서는 소득세 함수를 연속함수로 만들어야 한다. 이때 극한값이 존재하지 않는 불연속함수이므로 극한값과 함숫값의 관계로 불연속점을 해결할 수 없고, 이 경우 함수의 평행이동을 통해 불연속점을 해결하게 된다. 이것이 바로 누진 공제이다. 누진 공제를 통한 소득세 함수는 다음과 같다.

$$f(x) = 0.06x(0 \leq x \leq 1200)$$

$$f(x) = 0.15x - 108(1200 < x \leq 4600)$$

$$f(x) = 0.24x - 522(4600 < x \leq 8800)$$

$$f(x) = 0.35x - 1490(8800 < x \leq 15000)$$

$$\vdots$$

이 함수는 누진 공제만큼 평행이동 되어 불연속점이 연속으로 바뀌고 작은 과세표준 금액 차이가 큰 금액의 세금으로 부과되는 불합리성을 해결할 수 있다.

연습문제 1.4

1. 다음 함수의 연속성을 조사하여라.

(1) $f(x)=\begin{cases} \dfrac{x(x+1)}{x^2-1}, & x \neq -1 \\ \dfrac{1}{2}, & x=-1 \end{cases}$　　(2) $f(x)=\begin{cases} \dfrac{1}{x}\sin x, & x \neq 0 \\ 1, & x=0 \end{cases}$

2. 함수 $f(x)=\begin{cases} 3x+2, & x<1 \\ x^2+K, & x \geq 1 \end{cases}$ 에 대하여 $\lim_{x \to 1} f(x)$가 존재하도록 K 값을 구하여라.

3. 다음 각 방정식은 주어진 구간에서 적어도 한 개의 실근을 가짐을 보여라.

(1) $x-\cos x=0 \left(0 \leq x \leq \dfrac{\pi}{2}\right)$　　(2) $\sin x - x\cos x = 0 \left(\pi \leq x \leq \dfrac{3}{2}\pi\right)$

4. 구간 $[1, \sqrt{7}]$에서 함수 $f(x)=\sqrt{26-x^2}$라 하고 $w=4$일 때 사잇값 정리를 만족하는 c를 구하여라.

5. 방정식 $\sin^{-1}x+\cos^{-1}x-\dfrac{\pi}{3}x+a=0$이 $\dfrac{1}{2}$과 $\dfrac{\sqrt{2}}{2}$ 사이에서 적어도 하나의 실근이 존 하도록 a값의 범위를 구하여라.

Chapter 02

미분과 응용

Differentiation and Applications

이 장에서는 미분의 전체적인 개념과 미분법의 응용을 소개한다. 또한 다양한 함수의 미분이 어떤 응용문제와 관련되어 있는지를 알아보고 미분에서 중요한 정리로 알려진 미분의 평균값 정리와 로피탈의 법칙에 관한 응용분야도 살펴본다.

Chapter 02 미분과 응용

2.1 여러 가지 미분법과 응용

이 절에서는 여러 가지 미분법과 여러 가지 함수의 도함수를 소개하고 그와 관련된 다양한 응용문제를 살펴본다.

여러 가지 미분법

미분계수와 도함수의 정의를 알아보자.

〖정의 1〗 미분계수와 도함수

(1) 함수 $y=f(x)$에 대하여 극한

$$\lim_{\triangle x \to 0} \frac{f(a+\triangle x)-f(a)}{\triangle x}$$

가 존재할 때, 이 극한값을 $x=a$에서의 **미분계수**라 하고

$$f'(a),\ \frac{d}{dx}f(a),\ \frac{dy}{dx}(a)$$

로 표기하고 함수 $f(x)$는 $x=a$에서 **미분가능하다**고 한다.

(2) 함수 $y=f(x)$에 대하여 극한

$$\lim_{\triangle x \to 0} \frac{f(x+\triangle x)-f(x)}{\triangle x}$$

가 존재할 때 이 극한값을 함수 f의 **도함수**(derivative)라 하고

$$y',\ \frac{dy}{dx},\ f'(x),\ \frac{d}{dx}f(x)$$

로 나타낸다. 도함수를 구하는 것을 **미분한다**(differentiation), 도함수에 관한 계산을 **미분계산**(differential calculus)이라 한다.

다음 정리는 다양한 미분 법칙을 정리한 것이다.

【 정리 1 】 미분법

(1) 상수함수 $f(x)=c$에 대하여 $\frac{d}{dx}c=0$ 이다.

(2) 항등함수 $f(x)=x$에 대하여 $\frac{d}{dx}x=1$ 이다.

(3) 임의의 실수 n에 대하여 $\frac{d}{dx}x^n=nx^{n-1}$ 이다.

(4) 함수 f가 미분가능하고 c가 임의의 상수이면 $\frac{d}{dx}[cf(x)]=c\left[\frac{d}{dx}f(x)\right]$이다.

(5) 두 함수 f와 g가 미분가능하면 $\frac{d}{dx}[f(x)\pm g(x)]=\left[\frac{d}{dx}f(x)\right]\pm\left[\frac{d}{dx}g(x)\right]$이다.

(6) 두 함수 f와 g가 미분가능하면

$$\frac{d}{dx}[f(x)g(x)]=\left[\frac{d}{dx}f(x)\right]g(x)+f(x)\left[\frac{d}{dx}g(x)\right]$$

이다.

(7) 두 함수 f와 g가 미분가능하고 $g(x)\neq 0$이면

$$\frac{d}{dx}\left[\frac{f(x)}{g(x)}\right]=\frac{\left[\frac{d}{dx}f(x)\right]g(x)-f(x)\left[\frac{d}{dx}g(x)\right]}{[g(x)]^2}$$

이다.

(8) 함수 g가 x에서 미분가능하고 함수 f가 $g(x)$에서 미분가능하면

$$\frac{d}{dx}[f(g(x))]=\left[\frac{d}{dx}f(g(x))\right]\frac{d}{dx}g(x)$$

이다.

여러 가지 미분법의 실생활 문제

여러 가지 미분법을 이용한 실제 문제를 다루어 보자.

다양한 실험과 관찰을 통해 물고기의 크기는 나이와 관계된 식으로 나타난다. 나이에 따른 물고기 크기의 변화를 구해 보자.

예제 1

어떤 물고기의 나이 A와 크기 L의 관계가

$$L = 0.01A^3 - 0.37A^2 + 3.95A + 1.21$$

일 때 물고기 나이가 5일 때 크기의 순간변화율 $\frac{dL}{dA}$을 구하여라.

〖 풀이 〗

$\left.\frac{dL}{dA}\right|_{A=5} = 0.03A^2 - 0.74A + 3.95\Big|_{A=5} = 1$이다.

직물 회사에서 만드는 직물의 총 수익은 직물의 양과 판매 가격의 곱으로 나타난다. 곱의 미분법을 이용하여 직물 총 수익의 변화를 구해 보자.

예제 2

폭이 일정한 직물을 만드는 회사가 있다고 하자. 이 직물(m로 측정)의 양 α는 판매 가격 β의 함수 $\alpha = f(\beta)$로 표현할 수 있고 이때 판매 가격 β로 남긴 총수익은

$$R(\beta) = \beta f(\beta)$$

이다. $f(10) = 10000$이고 $f'(10) = -150$ 일 때 총수익의 변화량 $R'(10)$을 구하여라.

〖 풀이 〗

총수익 $R(\beta)$의 변화량은 $R'(\beta) = f(\beta) + \beta f'(\beta)$이므로

$$R'(10) = f(10) + 10f'(10) = 10000 + 10(-150) = 8500$$

이다.

물고기의 생물량은 개체군의 수와 평균 질량을 곱한 것으로 나타난다. 각 시각 마다 개체 수의 변화와 평균 질량 변화를 이용하여 생물량의 변화를 예측해 보자.

예제 3

시각 t일 때 물고기 개체군의 전체 질량인 생물량 $B(t)$는 개체군의 마릿수 $N(t)$와 물고기의 평균 질량 $M(t)$를 곱한 것이다. $t = 2$주에 120마리의 물고기가 있는데 일주일에

30마리 비율로 개체 수가 증가하고 평균 질량은 $1.5kg$이고 일주일에 $0.1kg$비율로 증가한다고 하면 $t=2$일 때 생물량 $B(t)$의 증가율을 구하여라.

〖 풀이 〗

생물량 $B(t)$는 $B(t)=N(t)M(t)$이고 생물량 $B(t)$의 증가율

$B'(t)=N'(t)M(t)+N(t)M'(t)$이므로 $t=2$일 때 생물량 $B(t)$의 증가율은

$B'(2)=N'(2)M(2)+N(2)M'(2)=(30)(1.5)+(120)(0.1)=57$이다.

여러 가지 함수의 도함수

삼각함수의 도함수는 다음과 같다.

【 정리 2 】 삼각함수의 도함수

(1) $\dfrac{d}{dx}\sin x=\cos x$ (2) $\dfrac{d}{dx}\cos x=-\sin x$

(3) $\dfrac{d}{dx}\tan x=\sec^2 x$ (4) $\dfrac{d}{dx}\cot x=-\csc^2 x$

(5) $\dfrac{d}{dx}\sec x=\sec x\tan x$ (6) $\dfrac{d}{dx}\csc x=-\csc x\cot x$

지수함수와 로그함수의 도함수를 알아보자.

【 정리 3 】 지수함수와 로그함수의 도함수

(1) $\dfrac{d}{dx}a^x=a^x\ln a\ \ (a>0)$ (2) $\dfrac{d}{dx}e^x=e^x$

(3) $\dfrac{d}{dx}\log_a x=\dfrac{1}{x\ln a}\ \ (x>0,\ a>0,\ a\neq 1)$ (4) $\dfrac{d}{dx}\ln x=\dfrac{1}{x}\ \ (x>0)$

지수함수의 도함수 결과를 이용하면 다음 쌍곡선함수의 도함수를 얻을 수 있다.

【정리 4】 쌍곡선함수의 도함수

(1) $\frac{d}{dx}\sinh x = \cosh x$ (2) $\frac{d}{dx}\cosh x = \sinh x$

(3) $\frac{d}{dx}\tanh x = \mathrm{sech}^2 x$ (4) $\frac{d}{dx}\mathrm{csch}x = -\mathrm{csch}x\coth x$

(5) $\frac{d}{dx}\mathrm{sech}x = -\mathrm{sech}x\tanh x$ (6) $\frac{d}{dx}\coth x = -\mathrm{csch}^2 x$

여러 가지 함수의 도함수의 실생활 문제

다양한 예제를 통하여 여러 가지 함수의 도함수가 사용되는 실제 문제를 다루어 보자. 중력에 영향을 받는 물체의 운동방정식은 삼각함수로 표현되는데 미분을 이용하여 그 물체의 속도를 구해 보자.

예제 4

고무 밴드 아랫부분에 어떤 물체가 매달려 있다. 물체를 아래로 당기면 고무줄이 늘어나면서 수직으로 진동하고, 이때 물체의 운동방정식은 $s = 2\cos t + 3\sin t\ (t \geq 0)$이다. $t = \frac{\pi}{3}$일 때 이 물체의 속도와 가속도를 구하여라.

【풀이】

속도는 $v = \frac{ds}{dt} = -2\sin t + 3\cos t$이므로 $t = \frac{\pi}{3}$일 때 물체의 속도는

$v\Big|_{t=\frac{\pi}{3}} = -2\sin\frac{\pi}{3} + 3\cos\frac{\pi}{3} = -\sqrt{3} + \frac{3}{2}$이고

가속도는 $a = \frac{dv}{dt} = -2\cos t - 3\sin t$이므로 $t = \frac{\pi}{3}$일 때 물체의 가속도는

$a\Big|_{t=\frac{\pi}{3}} = -2\cos\frac{\pi}{3} - 3\sin\frac{\pi}{3} = -1 - \frac{3\sqrt{3}}{2}$이다.

지면에 있는 물체에 힘을 가해 수평 방향으로 움직일 때 힘의 크기에 대한 문제를 다루어 보자.

예제 5

질량이 m인 물체가 수평 평면 위에서 물체에 붙어 있는 밧줄을 움직이는 힘에 의해 끌려가고 있을 때 밧줄과 평면이 이루는 각을 θ라 하면 힘의 크기 F는

$$F = \frac{\mu m g}{\mu \sin\theta + \cos\theta}$$

을 만족한다. 단, μ는 마찰계수이고 g는 중력가속도이다. 질량이 $m = 30$, 마찰계수가 $\mu = 1$, 중력가속도 $g = 9.8$일 때 $\frac{dF}{d\theta} = 0$되는 θ의 값을 구하여라.

〖 풀이 〗

힘의 크기 F는 $F = \frac{\mu m g}{\mu \sin\theta + \cos\theta}$이므로 $\frac{dF}{d\theta} = 0$되는 θ의 값은

$$\frac{dF}{d\theta} = \frac{-\mu m g(\mu\cos\theta - \sin\theta)}{(\mu\sin\theta + \cos\theta)^2} = 0 \Rightarrow \mu\cos\theta = \sin\theta \Rightarrow \tan\theta = \mu = 1 \Rightarrow \theta = \frac{\pi}{4}$$

이다.

NOTE

[예제 5]에서 $\frac{dF}{d\theta} = 0$되는 θ의 값은 물체의 질량과 중력가속도에는 무관하고 마찰력에만 관계됨을 알 수 있다.

자동차에는 충돌 시 충격을 흡수하는 스프링이 장착되어 있다. 시간에 대한 이 스프링의 속도를 구해 보자.

예제 6

자동차의 충격을 흡수하는 스프링과 같이 마찰력과 제동력에 영향을 받는 스프링 모양은 지수함수와 사인함수 또는 코사인함수의 곱으로 나타난다. 어떠한 상황에서 스프링 모양을 나타내는 함수가

$$s(t) = 2e^{-1.5t}\cos 2\pi t$$

일 때 t초 후 속도를 구하여라.

〘 풀이 〙

속도는

$$v(t) = s'(t) = -3e^{-1.5t}\cos 2\pi t - 4\pi e^{-1.5t}\sin 2\pi t$$

이다.

소문이 퍼지는 현상을 특정한 방정식으로 표현할 수 있다. 이 방정식을 이용하여 소문이 퍼지는 속도를 구하고 시간에 따른 소문이 퍼지는 속도를 예측해 보자.

예제 7

어떤 특정한 상황에서 소문이 퍼지는 방정식은

$$r(t) = \frac{1}{1+\alpha e^{-\beta t}}$$

라 한다. 이때 $r(t)$는 시간 t에 따라 소문을 아는 사람들의 비율이고 α, β는 양수이다.

(1) 시간이 무한으로 흐를 때 소문을 아는 사람의 비율을 구하여라.

(2) 소문이 퍼지는 속도를 구하여라.

〘 풀이 〙

(1) 시간이 무한으로 흐를 때 소문을 아는 사람의 비율은 $\lim_{t\to\infty} r(t) = \lim_{t\to\infty}\frac{1}{1+\alpha e^{-\beta t}} = 1$

이다.

즉 시간이 무한이 지나면 모든 사람이 소문을 다 알게 된다는 의미이다.

(2) 소문이 퍼지는 속도는 $\frac{dr}{dt} = \frac{\alpha\beta e^{-\beta t}}{(1+\alpha e^{-\beta t})^2}$ 이다.

입자에 작용하는 힘은 입자의 질량과 속도의 곱에 대한 변화이다. 그러나 상대성 이론에서 입자의 질량은 속도에 의존하여 변화한다. 이와 같은 질량을 갖는 입자의 힘을 구해 보자.

예제 8

질량이 m이고 속도가 $v(t)$인 물체에 작용하는 힘 F는 운동량의 변화율 $F=\frac{d}{dt}(mv)$이다. 만약 질량 m이 상수이면 $F=ma\left(a=\frac{dv}{dt}\right.$는 가속도) 이지만 상대성 이론에서 속도 $v(t)$를 가지는 입자의 질량은 $m=\frac{m_0}{\sqrt{1-\frac{v^2}{c^2}}}$ (m_0는 입자가 멈춰있을 때 질량, c는 빛의 속도)이다. 이와 같은 질량을 가지는 입자의 힘 F를 구하여라.

〖 풀이 〗

$$F=\frac{d}{dt}(mv)=\frac{dm}{dt}v+m\frac{dv}{dt}=-\frac{1}{2}m_0\left(1-\frac{v^2}{c^2}\right)^{-\frac{3}{2}}\left(-\frac{2v}{c^2}\right)\frac{dv}{dt}+m_0\left(1-\frac{v^2}{c^2}\right)^{-\frac{1}{2}}\frac{dv}{dt}$$

$$=m_0a\left(1-\frac{v^2}{c^2}\right)^{-\frac{3}{2}}\left(\frac{v^2}{c^2}+1-\frac{v^2}{c^2}\right)$$

이므로 $F=\frac{m_0}{\left(1-\frac{v^2}{c^2}\right)^{\frac{3}{2}}}a$이다.

미분이 포함된 방정식을 미분방정식이라 하고, 그 해는 특정한 함수로 주어진다. 중력의 영향을 받는 선들은 현수선의 모양을 가지는데 현수선에 관련된 실제 문제를 살펴보자.

예제 9

전화선을 두 전봇대 사이에 매달 때 전화선에 대한 미분방정식은

$$\frac{d^2y}{dx^2} = \frac{\sigma g}{T}\sqrt{1+\left(\frac{dy}{dx}\right)^2}$$

이다. 단, σ는 전화선의 밀도, g는 중력가속도, T는 가장 낮은 지점에서의 장력이다. 곡선 $y = \frac{T}{\sigma g}\cosh\left(\frac{\sigma g}{T}x\right)$가 이 미분방정식의 해가 됨을 보여라.

〖풀이〗

$$y = \frac{T}{\sigma g}\cosh\left(\frac{\sigma g}{T}x\right) \Rightarrow \frac{dy}{dx} = \sinh\left(\frac{\sigma g}{T}x\right) \Rightarrow \frac{d^2y}{dx^2} = \frac{\sigma g}{T}\cosh\left(\frac{\sigma g}{T}x\right)$$

이고

$$\frac{\sigma g}{T}\sqrt{1+\left(\frac{dy}{dx}\right)^2} = \frac{\sigma g}{T}\sqrt{1+\sinh^2\left(\frac{\sigma g}{T}x\right)} = \frac{\sigma g}{T}\sqrt{\cosh^2\left(\frac{\sigma g}{T}x\right)} = \frac{\sigma g}{T}\cosh\left(\frac{\sigma g}{T}x\right)$$

이다. 따라서 $y = \frac{T}{\sigma g}\cosh\left(\frac{\sigma g}{T}x\right)$는 미분방정식 $\frac{d^2y}{dx^2} = \frac{\sigma g}{T}\sqrt{1+\left(\frac{dy}{dx}\right)^2}$을 만족하는 해이다.

연습문제 2.1

1. 다음 함수에 대하여 도함수 $\frac{dy}{dx}$을 구하여라.

(1) $y=(2x^2+3)^2(3x+1)^3$

(2) $y=\frac{1}{\sqrt{\sec 2x-1}}$

(3) $y=\sqrt[3]{x}\,e^{2x}$

(4) $y=\ln\left(e^{-x^3}\right)$

(5) $y=\ln|3x+3|$

(6) $y=\ln\cot x$

(7) $y=\sin\sqrt{x}-\sqrt{x}\cos\sqrt{x}$

(8) $y=\sqrt{a^2+b^2-2ab\cos x}$

(9) $y=\left(x+\frac{1}{x}\right)^4$

(10) $y=x^2 2^x$

(11) $y=\frac{x}{x-\sqrt{x^2+4}}$

(12) $\sin(x+y)+\sin(x-y)=1$

(13) $y=\ln(\sinh x)$

(14) $y=-\frac{1}{3}\cosh^2(3x)$

※ [문제 2~4] 주어진 점에서 $\frac{dy}{dx}$와 $\frac{d^2y}{dx^2}$을 구하여라.

2. $2x^2y-4y^3=4,\ (2,1)$

3. $\frac{x^2}{25}+\frac{y^2}{16}=1,\ \left(\frac{5\sqrt{3}}{2},2\right)$

4. $x^2+2y^3=xy+9,\ (3,0)$

5. 함수 $y=\sqrt{1+x^2}$에 대하여 $y\frac{d^2y}{dx^2}+\left(\frac{dy}{dx}\right)^2$을 구하여라.

6. $10m$ 길이의 사다리가 수직 벽에 기대어 있다. θ를 사다리의 윗 끝과 벽이 이루는 각이라고 하고 x를 벽과 사다리와 아래 끝까지의 거리라고 하자. 사다리의 아래 끝이 벽으로부터 미끄러지고 있다면 $\theta=\frac{\pi}{6}$일 때 θ에 대한 x의 변화율을 구하여라.

7. 키모트립신 효소에 대한 미카엘리스-멘텐 방정식은 $v=\frac{0.14[S]}{0.015+[S]}$이다. 여기서 v는 효소 반응 속도이고 $[S]$는 기질의 농도이다. $\frac{dv}{d[S]}$을 구하여라.

2.2 미분의 평균값 정리와 응용

미분의 평균값 정리는 미분적분학에서 아주 중요한 정리이다. 미분의 평균값 정리를 이용하면 함수의 미분을 통하여 증가함수, 감소함수, 상수함수를 알 수 있고 어떤 두 함수의 크기 관계나 여러 가지 부등식을 증명할 수 있다. 또한 다양한 실생활 문제도 미분의 평균값 정리를 이용하면 분석과 예측을 할 수 있다. 먼저 미분의 평균값 정리를 증명하는 데 사용되는 롤의 정리를 살펴보자.

【 정리 1 】 롤(Rolle)의 정리

함수 f가 닫힌구간 $[a,b]$에서 연속이고 열린구간 (a,b)에서 미분가능하며 $f(a)=f(b)$가 성립하면 $f'(c)=0$이 되는 c가 a와 b사이에 적어도 한 개 존재한다.

롤의 정리를 이용하면 다음 예제와 같은 방정식의 해의 존재성을 보일 수 있다.

예제 1

실수 $c_{0,}c_{1,...,}c_n$가 $c_0+\frac{c_1}{2}+\cdots+\frac{c_{n-1}}{n}+\frac{c_n}{n+1}=0$을 만족할 때 방정식 $c_0+c_1x+\cdots+c_nx^n=0$ 이 0과 1사이에 실근을 가짐을 증명하여라.

〖 풀이 〗

구간 $[0,1]$에서 함수 $f(x)=c_0x+\frac{c_1}{2}x^2+\frac{c_2}{3}x^3+\cdots\ +\frac{c_n}{n+1}x^{n+1}$에 대하여 롤의 정리를 적용하자. 함수 f는 다항함수이므로 닫힌구간 $[0,1]$에서 연속이고 열린구간 $(0,1)$에서 미분가능하고 $f(0)=0$이고 주어진 조건에 의해 $f(1)=0$이므로 롤의 정리에 의해 $f'(c)=0$되는 c가 0과 1사이에 적어도 하나 존재한다. $f'(x)=c_0+c_1x+\cdots+c_nx^n$이고 롤의 정리를 만족하는 c는 방정식 $c_0+c_1x+\cdots+c_nx^n=0$의 근이다.

롤의 정리의 가정 중 임의의 닫힌구간 $[a,b]$에서 연속이고 열린구간 (a,b)에서 미분가능한 함수는 많지만 $f(a)=f(b)$인 함수는 많지 않다. 이 가정이 없어지면 정리의 결과가 달라지고 이것이 미적분학의 중요한 결과인 미분의 평균값 정리가 된다.

NOTE

미분의 평균값 정리는 롤의 정리의 확장이고 증명은 롤의 정리를 이용하여 증명할 수 있다.

【정리 2】 미분의 평균값 정리(Mean Value Theorem)

함수 f가 닫힌구간 $[a,b]$에서 연속이고 열린구간 (a,b)에서 미분가능하면

$$f'(c)=\frac{f(b)-f(a)}{b-a}$$

가 되는 c가 a와 b사이에 적어도 한개 존재한다.

미분의 평균값 정리를 이용하여 함수의 최댓값을 예측하는 예제를 살펴보자.

예제 2

$f(2)=-2$이고 모든 x에 대하여 $f'(x)\le 10$일 때 $f(10)$의 최댓값을 구하여라.

【풀이】

f는 모든 x에 대하여 미분가능하므로 f는 $[2,10]$에서 연속이고 $(2,10)$에서 미분가능하다. 미분의 평균값 정리에 의해 $\frac{f(10)-f(2)}{10-2}=f'(c)$되는 c가 2와 10사이에 반드시 존재하고 $\frac{f(10)-f(2)}{10-2}=\frac{f(10)+2}{8}=f'(c)\le 10$이므로 $f(10)\le 78$이고 $f(10)$의 최댓값은 78이다.

미분의 평균값 정리를 이용한 다음 예제를 살펴보자.

예제 3

어떤 열린구간 I의 모든 점 x에 대하여 $f'(x)=0$ 라면 f는 상수함수이다.

〖풀이〗

구간 I의 임의의 x에 대하여 $f(x)=C$ (C는 상수)임을 보이자.

임의의 두 점 a와 b를 I에서 택하자. $a<b$라면 가정에 의해 함수 f는 열린구간 $(a,b)(\subset I)$에서 미분가능하고 닫힌구간 $[a,b]$에서 연속이다. 미분의 평균값 정리에 의해

$$\frac{f(b)-f(a)}{b-a}=f'(c)$$

인 c가 a와 b사이에 존재한다. 모든 점 x에 대하여 $f'(x)=0$이므로 $f'(c)=0$이고 $f(b)=f(a)$이다. a와 b는 I에서 임의의 두 점이므로 함수 f는 열린구간 I에 모든 점에서 같은 함숫값을 가진다. 그러므로 $f(x)=C$이다.

위 예제와 같이 미분의 평균값 정리를 잘 적용하면 다음 정리를 얻을 수 있다.

【정리 3】 미분과 증가함수, 감소함수, 상수함수

(1) 어떤 열린구간 I의 모든 점 x에 대하여 $f'(x)=0$ 라면 f는 상수함수이다.

(2) 어떤 열린구간 I의 모든 점 x에 대하여 $f'(x)\geq 0$ 라면 f는 증가함수이다.

(3) 어떤 열린구간 I의 모든 점 x에 대하여 $f'(x)\leq 0$ 라면 f는 감소함수이다.

미분의 평균값 정리를 이용하면 다음과 같은 두 함수의 크기 관계도 알아볼 수 있다.

예제 4

임의의 실수 u와 v에 대하여 $|\cos u-\cos v|\leq|u-v|$임을 보여라.

〖풀이〗

$u=v$인 경우는 명백하고 $u\neq v$인 경우를 살펴보자.

함수 $f(x)=\cos x$는 닫힌구간 $[u,v]$에서 연속이고 열린구간 (u,v)에서 미분가능하므로 미분의 평균값 정리에 의해 $f'(c)=-\sin c=\dfrac{\cos u-\cos v}{u-v}$를 만족하는 c가 u와 v사이에 적어도 하나 존재한다. $|\sin c|\leq 1$이므로 $|\cos u-\cos v|\leq|u-v|$이다.

미분의 평균값 정리의 실생활 문제

미분의 평균값 정리를 이용하여 자동차의 속도위반에 대한 예측해 보자.

예제 5

어린이 보호 구간의 제한 속도는 $30km/h$이다. 어떤 자동차가 어린이 보호 구간에서 $600m$를 1분에 통과했다면 이 자동차는 제한 속도를 넘었을 때가 있었음을 보여라.

〖 풀이 〗

운전자가 이동한 거리를 $s = f(t)$라 하면 $f(0) = 0$, $f\left(\frac{1}{60}\right) = 0.6$이고 거리 함수 $s = f(t)$는 $\left[0, \frac{1}{60}\right]$에서 연속이고 $\left(0, \frac{1}{60}\right)$에서 미분가능하다. 미분의 평균값 정리에 의해

$$\frac{f\left(\frac{1}{60}\right) - f(0)}{\frac{1}{60} - 0} - f'(c) = v(c)$$

가 되는 c가 0과 $\frac{1}{60}$ 사이에 존재한다. 즉

$$v(c) = \frac{f\left(\frac{1}{60}\right) - f(0)}{\frac{1}{60} - 0} = 36$$

가 되는 c가 0과 $\frac{1}{60}$ 사이에 존재하므로 이 자동차는 어린이 보호구역 제한 속도를 6초과한 지점이 반드시 존재한다.

미분의 평균값 정리를 이용하여 자동차의 가속을 예측해 보자.

예제 6

오전 9시 정각에 자동차 속도계는 $55km/h$, 오전 9시 20분에 $80km/h$이었다. 9시와 9시 20분 사이에 적어도 한번은 가속도가 정확히 $75km/h$되는 순간이 있었음을 보여라.

〖 풀이 〗

자동차 속도를 $v(t)$라고 하면 9시 정각은 $t=0 \Rightarrow v(0)=55$이고 9시 20분은 $t=\frac{20}{60}=\frac{1}{3} \Rightarrow v\left(\frac{1}{3}\right)=80$이다. 속도 $v(t)$는 $\left[0,\frac{1}{3}\right]$에서 연속이고 $\left(0,\frac{1}{3}\right)$에서 미분 가능하므로 미분의 평균값 정리에 의해

$$\frac{v\left(\frac{1}{3}\right)-v(0)}{\frac{1}{3}-0}=\frac{80-55}{\frac{1}{3}}=v'(c)$$

가 되는 c가 0과 $\frac{1}{3}$사이에 반드시 존재한다.

$$\frac{80-55}{\frac{1}{3}}=75=v'(c)$$

이고 $v'(t)=a(t)$이므로 9시와 9시 20분 사이에 적어도 한번은 가속도가 정확히 75되는 순간이 있었음을 알 수 있다.

연습문제 2.2

1. 방정식 $x^3+x-1=0$이 오직 하나의 실근을 가짐을 보여라.

2. 구간 $[0,1]$ 위에서 정의된 함수 $f(x)=(x-1)\sin x$에 롤의 정리를 이용하여 방정식

$$\tan x+x=1$$

이 $(0,1)$에서 실근을 가짐을 보여라.

3. 구간 $[-1,2]$에서 정의된 함수 $f(x)=x^3-x^2-x+1$에 대하여 미분의 평균값 정리에 의하여 존재하는 점 c를 구하여라.

4. 미분의 평균값 정리를 이용하여 임의의 실수 $x,\ y\in\left(-\frac{\pi}{2},\frac{\pi}{2}\right)$에 대하여

$$|\tan x+\tan y|\geq|x+y|$$

임을 보여라.

5. 미분의 평균값 정리를 이용하여 극한 $\lim_{x\to 0+}\frac{3^x-3^{\sin x}}{x-\sin x}$을 구하여라.

6. $0<a<b$일 때, 미분의 평균값 정리를 이용하여 $1-\frac{a}{b}<\ln\frac{b}{a}<\frac{b}{a}-1$임을 증명하여라.

7. 두 선수가 달리기 시합을 하였는데 같은 시간에 출발하여 같은 시간에 도착하였다. 두 선수가 경기하는 동안 두 선수의 속도가 같은 순간이 존재함을 보여라.

2.3 로피탈의 법칙과 응용

미분의 정의 $\lim_{h\to 0}\frac{f(x+h)-f(x)}{h}$에서 분모와 분자의 극한이 0인 경우의 극한값을 구하는 것은 변화를 분석하는데 매우 중요하다. 극한 $\lim_{x\to 2}\frac{x^2-4}{x-2}$은 분모의 극한이 0이므로 극한 정리를 적용할 수 없고 인수분해를 이용하여 극한값을 구할 수 있다. 극한 $\lim_{x\to 0}\frac{\sin x}{x}$은 조임정리를 이용하여 극한값을 구한다. 그러나 $\lim_{x\to 0}\frac{e^x-1}{x}$와 같은 극한은 인수분해나 조임정리와 같은 방법으로 구하기 힘들다. 극한이 정해지지 않는 형태를 부정형이라 하는데 극한이 $\frac{0}{0}$, $\frac{\infty}{\infty}$꼴인 형태의 부정형이다. 이러한 형태의 극한값을 구하는데 사용하는 유용한 법칙인 **로피탈의 법칙**(L'Hopital's law)에 대하여 알아보자.

먼저 미분의 평균값 정리의 확장된 정리인 코시(Cauchy)의 평균값 정리를 소개하자.

【정리 1】코시의 평균값 정리(Cauchy's Mean Value Theorem)

함수 f와 g를 닫힌구간 $[a,b]$에서 연속이고 열린구간 (a,b)에서 미분가능하다고 하자. (a,b)내의 모든 x에 대하여 $g'(x)\neq 0$이라 하면,

$$\frac{f(b)-f(a)}{g(b)-g(a)}=\frac{f'(c)}{g'(c)}$$

를 만족하는 $c\in(a,b)$가 존재한다.

로피탈의 법칙은 코시(Cauchy)의 평균값 정리에서 유도할 수 있고 다음과 같다.

【정리 2】$\frac{0}{0}$, $\frac{\infty}{\infty}$ 꼴의 부정형에 관한 로피탈의 법칙

$\lim_{x\to a}f(x)=\lim_{x\to a}g(x)=0$이라 하자. 만약 $\lim_{x\to a}\frac{f'(x)}{g'(x)}$가 유한 혹은 무한의 의미로 존재하면(이 극한이 유한값 혹은 $-\infty$ 혹은 $+\infty$이면),

$$\lim_{x\to a}\frac{f(x)}{g(x)}=\lim_{x\to a}\frac{f'(x)}{g'(x)}$$

이다.

예제 1

극한 $\lim_{x \to 0} \frac{e^x - 1}{2x}$ 을 구하여라.

〖 풀이 〗

분모와 분자는 극한 0을 가지는 $\frac{0}{0}$ 형의 부정형이므로 로피탈의 법칙을 적용하면

$$\lim_{x \to 0} \frac{e^x - 1}{2x} = \lim_{x \to 0} \frac{e^x}{2} = \frac{1}{2}$$

이다.

예제 2

극한 $\lim_{x \to 1+} \frac{\ln x + x - 1}{x - 1}$ 을 구하여라.

〖 풀이 〗

분모와 분자는 극한 0을 가지는 $\frac{0}{0}$ 형의 부정형이므로 로피탈의 법칙을 적용하면

$$\lim_{x \to 1+} \frac{\ln x + x - 1}{x - 1} = \lim_{x \to 1+} \frac{\frac{1}{x} + 1}{1} = 2$$

이다.

$\frac{0}{0}$, $\frac{\infty}{\infty}$ 꼴이 아닌 부정형의 극한값을 구하는 방법도 알아보자.

예제 3

극한 $\lim_{x \to 1+} \left(\frac{x}{\ln x} - \frac{1}{x - 1} \right)$를 구하여라.

〖 풀이 〗

$x \to 1+$로 보내면 $\infty - \infty$ 형의 부정형이므로 주어진 식을 정리하면,

$$\lim_{x \to 1+} \left(\frac{x}{\ln x} - \frac{1}{x - 1} \right) = \lim_{x \to 1+} \frac{x^2 - x - \ln x}{(x - 1)\ln x}$$

이다. 이는 $\frac{0}{0}$형의 부정형이므로 로피탈의 법칙을 적용하면,

$$\lim_{x \to 1+} \frac{x^2 - x - \ln x}{(x-1)\ln x} = \lim_{x \to 1+} \frac{2x - 1 - \frac{1}{x}}{\ln x + \frac{x-1}{x}} = \lim_{x \to 1+} \frac{2x^2 - x - 1}{x \ln x + x - 1} = \lim_{x \to 1+} \frac{4x - 1}{\ln x + 2} = \frac{3}{2}$$

이다.

예제 4

극한 $\lim_{x \to \frac{\pi}{2}-} \left(x - \frac{\pi}{2}\right) \tan x$을 구하여라.

〖 풀이 〗

$x \to \frac{\pi}{2}-$로 보내면 $0 \cdot \infty$형의 부정형이고

$$\lim_{x \to \frac{\pi}{2}-} \left(x - \frac{\pi}{2}\right) \tan x = \lim_{x \to \frac{\pi}{2}-} \frac{\left(x - \frac{\pi}{2}\right) \sin x}{\cos x}$$

이다. 이는 $\frac{\infty}{\infty}$형의 부정형이므로 로피탈의 법칙을 적용하면

$$\lim_{x \to \frac{\pi}{2}-} \left(x - \frac{\pi}{2}\right) \tan x = \lim_{x \to \frac{\pi}{2}-} \frac{\left(x - \frac{\pi}{2}\right) \sin x}{\cos x} = \lim_{x \to \frac{\pi}{2}-} \frac{\left(x - \frac{\pi}{2}\right) \cos x + \sin x}{-\sin x} = -1$$

이다.

제곱(0^0, ∞^0, 1^∞ 형의 부정형) 형태의 부정형은 자연로그함수를 취해서 정리한 후 $\frac{0}{0}$형이나 $\frac{\infty}{\infty}$형의 부정형으로 변형시켜, 로피탈의 법칙을 이용해서 푼다.

예제 5

극한 $\lim_{x \to 0+} (\sin x)^x$를 구하여라.

〖 풀이 〗

0^0형의 부정형이므로 $y=(\sin x)^x$라고 두고 양변에 자연로그함수 ln을 취하면,

$$\ln y=\ln(\sin x)^x=x\ln(\sin x)$$

이다. 극한을 취하면

$$\lim_{x\to 0+}\ln y=\lim_{x\to 0+}[x\ln(\sin x)]=\lim_{x\to 0+}\frac{\ln(\sin x)}{\frac{1}{x}}$$

이다. $\frac{\infty}{\infty}$형의 부정형이므로 로피탈의 법칙을 적용하면

$$\lim_{x\to 0+}\ln y=\lim_{x\to 0+}\frac{\ln(\sin x)}{\frac{1}{x}}=\lim_{x\to 0+}\frac{\frac{\cos x}{\sin x}}{-\frac{1}{x^2}}=-\lim_{x\to 0+}\frac{x^2\cos x}{\sin x}$$

$$=-\lim_{x\to 0+}\frac{2x\cos x-x^2\sin x}{\cos x}=0$$

이다. 그리고 e^x는 모든 x에서 연속함수이므로

$$\lim_{x\to 0+}y=\lim_{x\to 0+}e^{\ln y}=e^{\lim\limits_{x\to 0+}\ln y}=e^0=1$$

이다. 따라서 $\lim\limits_{x\to 0+}(\sin x)^x=1$이다.

예제 6

극한 $\lim\limits_{x\to\infty}\left(1+\frac{2}{x}\right)^x$를 구하여라.

〖 풀이 〗

1^∞형의 부정형이므로, $y=\left(1+\frac{2}{x}\right)^x$라고 두고 양변에 자연로그함수 ln을 취하면,

$$\ln y=\ln\left(1+\frac{2}{x}\right)^x=x\ln\left(1+\frac{2}{x}\right)$$

이다. 극한을 취하면

$$\lim_{x\to\infty}\ln y=\lim_{x\to\infty}x\ln\left(1+\frac{2}{x}\right)=\lim_{x\to\infty}\frac{\ln\left(1+\frac{2}{x}\right)}{\frac{1}{x}}$$

이다. $\frac{0}{0}$ 형의 부정형이므로 로피탈의 법칙을 적용하면,

$$\lim_{x\to\infty}\ln y=\lim_{x\to\infty}\frac{\ln\left(1+\frac{2}{x}\right)}{\frac{1}{x}}=\lim_{x\to\infty}\frac{-\frac{2}{x^2+2x}}{-\frac{1}{x^2}}=\lim_{x\to\infty}\frac{2x^2}{x^2+2x}=2$$

이다. 그리고 e^x는 모든 x에서 연속함수이므로

$$\lim_{x\to\infty}y=\lim_{x\to\infty}e^{\ln y}=e^{\lim\limits_{x\to\infty}\ln y}=e^2$$

이다. 따라서 $\lim\limits_{x\to\infty}\left(1+\frac{2}{x}\right)^x=e^2$ 이다.

로피탈 법칙의 실생활 문제

공기의 저항을 받는 낙하하는 물체의 속도에 대한 특정한 극한값을 로피탈의 법칙을 이용하여 구해 보자.

예제 7

질량이 m인 물체가 낙하할 때 공기의 저항을 고려한 t초 후 속도 v는

$$v=\frac{mg\left(1-e^{-\frac{\alpha}{m}t}\right)}{\alpha}$$

을 만족한다고 하자. 단, g는 중력가속도이고 α는 양의 상수이다. t가 고정될 때 $\lim\limits_{\alpha\to0+}v$을 구하여라.

【 풀이 】

$\alpha\to0+$이면 속도 v는 $\frac{0}{0}$ 꼴의 부정형이므로 로피탈의 법칙을 이용하여 극한값을 구하면

$$\lim_{\alpha\to0+}v=\lim_{\alpha\to0+}\frac{mg\left(1-e^{-\frac{\alpha}{m}t}\right)}{\alpha}=\lim_{\alpha\to0+}mg\left(\frac{t}{m}\right)e^{-\frac{\alpha}{m}t}=gt$$

이다.

눈동자에 들어온 빛은 망막에 의해 감지된다. 빛의 밝기 중 망막에서 감지되는 비율은 눈동자의 크기와 관련이 있다. 눈동자의 크기에 따른 망막에서 감지되는 빛의 비율을 구해 보자.

예제 8

반지름 r인 눈동자에 들어온 빛의 밝기 중에서 망막에 감지되는 비율 M은

$$M=\frac{1-10^{-\mu r^2}}{\mu r^2 \ln 10}$$

으로 주어진다. $\lim_{r\to 0+} M$을 구하여라.

〖풀이〗

$r\to 0+$이면 M는 $\frac{0}{0}$꼴의 부정형이므로 로피탈의 법칙을 이용하여 극한값을 구하면

$$\lim_{r\to 0+} M=\lim_{r\to 0+}\frac{1-10^{-\mu r^2}}{\mu r^2 \ln 10}=\lim_{r\to 0+}\frac{10^{-\mu r^2}(2\mu r)\ln 10}{2\mu r\ln 10}=1$$

이다.

연습문제 2.3

1. 다음 극한을 구하여라.

(1) $\lim_{x\to0}\frac{e^{x}-e^{-x}}{\sin x}$

(2) $\lim_{x\to1}\frac{x^3-3x+2}{x^3-x^2-x+1}$

(3) $\lim_{x\to0}\frac{\sqrt{1+2x}-\sqrt{1-2x}}{x}$

(4) $\lim_{x\to1}\frac{\sqrt{x}-1}{\ln x}$

(5) $\lim_{x\to0}\left(\frac{1}{x^2}-\cot^2 x\right)$

(6) $\lim_{x\to\frac{\pi}{4}-}\tan 2x\cot\left(x+\frac{\pi}{4}\right)$

(7) $\lim_{x\to0+}(x^2+x+1)^{2\cot x}$

(8) $\lim_{x\to0}(1-\tan x)^{\frac{1}{x}}$

(9) $\lim_{x\to0+}\left(\frac{1}{x}\right)^{\sin x}$

(10) $\lim_{x\to1-}x^{\frac{1}{1-x}}$

(11) $\lim_{x\to\infty}(e^{2x}+x)^{\frac{1}{x}}$

(12) $\lim_{x\to0+}x\ln(\sin x)$

(13) $\lim_{x\to\infty}\frac{x^n}{e^x}$

(14) $\lim_{x\to\infty}\frac{\ln(x+2)}{\log_3 x}$

(15) $\lim_{x\to\infty}(\sqrt{x^2+x}-\sqrt{x^2-x-1})$

(16) $\lim_{x\to\infty}x^3e^{-2x^2}$

2. 극한 $\lim_{x\to0}\frac{\sin(3x)+ax+bx^3}{x^3}=0$을 만족하는 실수 a, b를 구하여라.

3. 함수 $f(x)=\begin{cases}\frac{24x-8\sin 3x}{4x^3}, & x\neq0\\ c, & x=0\end{cases}$가 $x=0$에서 연속이 되게 하는 c의 값을 구하여라.

4. 인구는 처음에는 지수적으로 증가하지만 시간이 무한히 흐르면 변동이 없게 된다. 인구증가를 나타내는 방정식을 로지스틱 방정식이라 하고

$$P(t)=\frac{N}{1+Le^{-at}}$$

이다. 여기서 N는 최대 인구를 의미하며 $L=\frac{N-P_0}{P_0}$ (P_0는 초기인구)이다. $\lim_{t\to\infty}P(t)$을 구하여라.

Chapter 03

적분과 응용

Integration and Applications

시간에 대하여 변화하는 현상이 있다면 그 현상은 미분으로 분석하고 미분으로 분석된 그 현상의 해를 찾아 변화를 예측해야 한다. 미분으로 표현된 현상의 해를 찾는 과정에서 적분의 개념이 필요하고 미분학과 적분학의 관계를 연결하는 미적분학의 기본정리는 미적분학에서 아주 중요한 정리이다. 이 장에서는 부정적분, 정적분, 미적분학의 기본정리의 개념과 실제 응용을 살펴본다.

Chapter 03 적분과 응용

3.1 부정적분과 응용

이 절에서는 부정적분의 정의와 성질 등을 소개하고 부정적분에 관련된 실제 응용문제를 살펴본다.

부정적분

부정적분을 정의하기 위해서는 역도함수의 개념이 필요하다.

〚정의 1〛 역도함수

임의의 구간 I에서의 모든 x에 대하여

$$F'(x) = f(x)$$

일 때 함수 F를 구간 I상에서의 f의 한 **역도함수**라 한다.

만약 F가 임의의 구간 I상에서 f의 한 역도함수이면

$$F(x) + C$$

는 f의 **역도함수**이다. 여기서 C는 임의의 상수이다.

역도함수의 개념을 이용하여 부정적분을 정의해 보자.

〚정의 2〛 부정적분

F가 f의 한 역도함수이면 $f(x)$의 **부정적분**은

$$\int f(x)\,dx = F(x) + C$$

로 정의한다. 여기서 C는 임의의 상수이다.

부정적분의 정의를 살펴보면 함수 f가 미분가능하면 그 역관계로 하나의 부정적분을 구할 수 있다. 다음은 대표적으로 미분가능한 함수들의 부정적분을 정리한 것이다.

【정리 1】 부정적분 공식

(1) $\int x^n\,dx = \frac{x^{n+1}}{n+1} + C$, $n \neq -1$ 인 실수

(2) $\int \cos x\,dx = \sin x + C$

(3) $\int \sin x\,dx = -\cos x + C$

(4) $\int \sec^2 x\,dx = \tan x + C$

(5) $\int \csc^2 x\,dx = -\cot x + C$

(6) $\int \sec x \tan x\,dx = \sec x + C$

(7) $\int \csc x \cot x\,dx = -\csc x + C$

(8) $\int e^x\,dx = e^x + C$

(9) $\int a^x\,dx = \frac{1}{\ln a}a^x + C$

(10) $\int \frac{1}{x}\,dx = \ln|x| + C \ (x \neq 0)$

(11) $\int \frac{f'(x)}{f(x)}\,dx = \ln|f(x)| + C \ (f(x) \neq 0)$

부정적분은 함수의 실수 배, 덧셈, 뺄셈에 대한 다음과 같은 성질을 가지고 있다. 이런 성질을 선형성이라고 한다.

【정리 2】 부정적분의 선형성

두 함수 $f(x)$와 $g(x)$가 역도함수를 가지고 α가 임의의 상수일 때, 다음 식이 성립한다.

(1) $\int \alpha f(x)\,dx = \alpha \int f(x)\,dx$

(2) $\int [f(x) \pm g(x)]\,dx = \int f(x)\,dx \pm \int g(x)\,dx$

두 함수의 합성, 곱에 대한 부정적분을 구하기 위한 대표적인 적분법은 다음과 같다.

【정리 3】 치환적분법, 부분적분법

두 함수 $f(x)$와 $g(x)$가 미분가능할 때

(1) 치환적분

$$\int F'(g(x))g'(x)\,dx = \int f(g(x))g'(x)\,dx = F(g(x)) + C,\ (F' = f)$$

(2) 부분적분

$$\int f(x)g'(x)\,dx = f(x)g(x) - \int f'(x)g(x)\,dx$$

부정적분의 실제 응용문제

예제 1

어떤 입자의 속도 함수 $v(t)$가

$$v(t) = \sin wt \cos^2 wt$$

를 만족할 때 위치 함수 $s(t)$을 구하여라. 단, $t=0$일 때 입자의 위치는 0이다.

〖풀이〗

속도 함수를 부정적분하면 위치 함수이므로

$$s(t) = \int v(t)dt = \int \sin wt \cos^2 wt\, dt$$

이다. $\cos wt = \alpha$ 라 두면 $-w\sin wt dt = d\alpha$이므로 치환적분에 의해

$$s(t) = \int v(t)dt = \int \sin wt \cos^2 wt\, dt = -\frac{1}{w}\int \alpha^2 d\alpha = -\frac{1}{3w}\alpha^3 + C$$

$$= -\frac{1}{3w}\cos^3 wt + C$$

이다. $s(0) = 0$이므로 $s(0) = -\frac{1}{3w} + C = 0$이고 $C = \frac{1}{3w}$이다. 따라서 위치 함수는

$s(t) = \frac{1}{3w}(1 - \cos^3 wt)$이다.

예제 2

로켓은 적재된 연료를 연소시키며 발사되고 시간에 따라 로켓의 무게는 줄어든다. 만약 로켓이 이륙할 때 처음 무게가 m이고 연료는 r 비율로 연소되고 배기가스는 상수 속도 v_c이다. 시간이 t일 때 로켓의 속도 $v(t)$는

$$v(t) = -gt - v_c \ln\left(\frac{m-rt}{m}\right)$$

이다. 단, g는 중력가속도이다. t초 후 로켓의 높이 $h(t)$을 구하여라.

〖 풀이 〗

로켓의 높이는 로켓의 속도를 부정적분하면 구할 수 있다. 그러므로

$$h(t) = \int v(t)dt = \int \left[-gt - v_c \ln\left(\frac{m-rt}{m}\right)\right] dt = -\frac{1}{2}gt^2 - v_c \int [\ln(m-rt) - \ln m]dt$$

$$= -\frac{1}{2}gt^2 + v_c(\ln m)t - v_c \int \ln(m-rt)dt$$

$$= -\frac{1}{2}gt^2 + v_c(\ln m)t - v_c t \ln(m-rt) - v_c t - v_c \frac{m}{r} \ln(m-rt) + C$$

이다.

연습문제 3.1

1. 다음 부정적분을 구하여라.

(1) $\int e^{-x}\sqrt{1-e^{-x}}\,dx$

(2) $\int \frac{\ln(1-x)}{\sqrt{1-x}}\,dx$

(3) $\int (x^4+1)\sqrt{5x+x^5}\,dx$

(4) $\int (2x-1)^{10}\,dx$

(5) $\int \cos^7 x \sin x\,dx$

(6) $\int \csc^2 x\sqrt{\cot x}\,dx$

(7) $\int \frac{\sin 2x}{e^{2x}}\,dx$

(8) $\int \frac{\sqrt{1+\ln x}}{x}\,dx$

(9) $\int \left(e^x \ln x + \frac{1}{x}e^x\right)dx$

(10) $\int \sin x \ln(\cos x)\,dx$

(11) $\int \frac{(\ln x)^n}{x}\,dx \ (n \neq -1)$

(12) $\int e^x \cos x\,dx$

2. 어떤 입자가 t초 후 $v(t)=t^2e^{-t}$의 속도로 직선을 따라 움직이고 있다. t초 후 이 입자의 위치를 구하여라. 단, $t=0$일 때 입자의 위치는 0이다.

3.2 정적분과 응용

곡선으로 둘러싸인 넓이를 구하는 개념인 정적분의 정의와 여러 가지 성질들을 알아보자.

정적분

【정의 1】 정적분

함수 f가 구간 $[a, b]$에서 연속이고 P의 놈(norm)
$\| P \| = \max |x_i - x_{i-1}|, i = 1, 2, \cdots, n\,(x_0 = a,\ x_n = b)$이라 할 때

$$\lim_{\| P \| \to 0} \sum_{i=1}^{n} f(x_i^*) \Delta x_i,\ \ x_i^* \in [x_{i-1}, x_i]$$

이 존재하면 함수 f는 구간 $[a, b]$에서 **적분가능**이라 한다. 함수 f의 구간 $[a, b]$에서의 **정적분** $\int_a^b f(x)\,dx$을

$$\lim_{\| P \| \to 0} \sum_{i=1}^{n} f(x_i^*) \Delta x_i = \int_a^b f(x)\,dx$$

으로 정의한다.

정적분을 구할 때는 정의를 이용하면 계산 과정이 복잡하거나 어려움이 발생하는 경우가 많은데 부정적분이 존재하는 함수인 경우 다음 절에 소개되는 미적분학의 기본정리를 이용하면 정적분 값을 유용하게 구할 수 있다. 미적분학의 기본 정리에 관한 논의는 다음 절에서 하고 이 절에서는 미적분학의 기본정리 결과를 사용하여 정적분을 계산할 것이다. 정적분은 다음과 같은 다양한 성질들이 있다.

【정리 1】정적분의 성질

(1) 선형성

두 함수 f와 g는 구간 $[a,b]$에서 적분가능이고 α, β가 임의의 상수이면 αf, βg, $\alpha f \pm \beta g$는 적분가능이다. 또한

$$\int_a^b [\alpha f(x) \pm \beta g(x)]\,dx = \alpha \int_a^b f(x)\,dx \pm \beta \int_a^b g(x)\,dx$$

이다.

(2) 구간의 가법성

함수 f가 구간 $[a,b]$에서 적분가능이고 c는 임의의 상수이면

$$\int_a^b f(x)\,dx = \int_a^c f(x)\,dx + \int_c^b f(x)\,dx$$

이다.

(3) 비교성

두 함수 f와 g가 구간 $[a,b]$에서 적분가능이고 모든 $x \in [a,b]$에 대하여 $g(x) \le f(x)$이면

$$\int_a^b g(x)\,dx \le \int_a^b f(x)\,dx$$

이다.

(4) 유계성

함수 f가 구간 $[a,b]$에서 적분가능이고 모든 $x \in [a,b]$에 대하여 $m \le f(x) \le M$ 이면

$$m(b-a) \le \int_a^b f(x)\,dx \le M(b-a)$$

이다.

(5) 우함수, 기함수의 정적분

(i) 함수 f가 우함수이면 $\int_{-a}^a f(x)\,dx = 2\int_0^a f(x)\,dx$ 이다.

(ii) 함수 f가 기함수이면 $\int_{-a}^a f(x)\,dx = 0$ 이다.

(6) 주기함수의 정적분

함수 f가 주기 p인 주기함수이면

$$\int_{a+p}^{b+p} f(x)\,dx = \int_a^b f(x)\,dx$$

이다.

정적분의 실제 응용문제

예제 1

물탱크가 시간 $t=0$에서 갈라져서 탱크에서 분당

$$l(t)=100e^{0.02t}$$

리터의 비율로 물이 새고 있다. 처음 30분 동안 새어 나온 물의 양을 구하여라.

【 풀이 】

처음 30분 동안 새어 나온 물의 양은 $\int_0^{30} l(t)dt$이므로

$$\int_0^{30} 100\,e^{0.02t}dt=\frac{100}{0.02}\left[e^{0.02t}\right]_0^{30}=5000\left(e^{0.6}-1\right)$$

이다.

예제 2

성인 남자의 기초 대사량은 오전 6시부터 t시간 후

$$Q(t)=85-0.15\cos\left(\frac{\pi}{12}t\right)$$

이다. 24시간 동안 기초대사량은 얼마인지 구하여라.

【 풀이 】

24시간 동안 기초대사량은 $\int_0^{24} Q(t)dt$이므로 $\frac{\pi}{12}t=\alpha$라 두면 치환적분에 의해

$$\int_0^{24}\left[85-0.15\cos\left(\frac{\pi}{12}t\right)\right]dt=85(24)-0.15\left(\frac{12}{\pi}\right)\int_0^{2\pi}\cos\alpha d\alpha=2040$$

이다.

예제 3

물고기 양의 증가율은

$$M(t) = \frac{60000e^{-0.4t}}{(1+5e^{-0.4t})^2}$$

로 표현된다. 단, t의 단위는 년이고 M의 단위는 kg/년이다. 2000년도의 물고기 양이 26000kg이라 할 때 2025년도의 물고기 양을 예측하여라.

【 풀이 】

2000년부터 2025년까지 물고기 양은 $\int_0^{25} M(t)dt$이므로 $1+5e^{-0.4t} = \alpha$라 두면 치환 적분에 의해

$$\int_0^{25} M(t)dt = \int_0^{25} \frac{60000e^{-0.4t}}{(1+5e^{-0.4t})^2}dt = -30000\int_6^{1+5e^{-10}} \frac{1}{\alpha^2}d\alpha = 30000\left(\frac{1}{1+5e^{-10}} - \frac{1}{6}\right)$$

이므로 2025년도의 물고기 양은 $26000 + 30000\left(\frac{1}{1+5e^{-10}} - \frac{1}{6}\right)$이다.

예제 4

홍역에 감염된 사람의 바이러스 감염 정도 N(혈장에서 mL당 감염된 세포의 수)은 약 $t=12$일(이때 발진이 생김) 후에 최대 밀도 값에 도달한 후 면역반응의 결과로 상당히 급격하게 감소한다. $t=0$부터 $t=12$까지 $N(t)$의 그래프 아래의 넓이는 증상을 나타내는 데 필요한 전체 감염량과 같다. 함수 N은 다음 함수로 모델링할 수 있다.

$$N(t) = f(t) = -t(t-21)(t+1)$$

이 모델에 대하여 홍역 증상을 나타내는 데 필요한 전체 감염량을 구하여라.

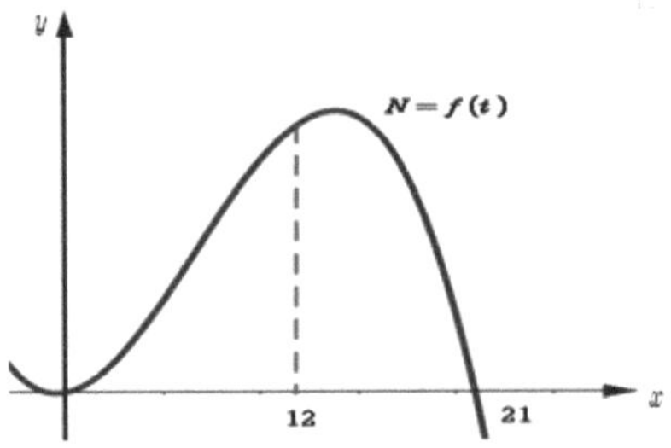

〖 풀이 〗

$f(t) = -t(t-21)(t+1) = -t^3 + 20t^2 + 21t$이므로

$$\int f(t)dt = -\frac{1}{4}t^4 + \frac{20}{3}t^3 + \frac{21}{2}t^2 + c$$

이고,

$$\int_0^{12} f(t)dt = -\frac{1}{4}\times 12^4 + \frac{20}{3}\times 12^3 + \frac{21}{2}\times 12^2 = 7848$$

이다. 따라서 바이러스의 감염량은 7848이다.

예제 5

투석 치료는 환자의 혈액의 흐름을 외부로 우회하여 투석기를 통과하게 한 후 혈액에서 요소와 다른 배설물을 제거한다. 혈액에서 요소가 제거되는 속도 방정식은

$$s(t) = \frac{r}{V}C_0 e^{-\frac{r}{V}t}$$

이다. 단, r은 투석기를 통과하는 혈액의 속도, V는 환자의 혈액량, C_0는 $t=0$일 때 혈액 속의 요소양이다. $\int_0^{60} s(t)dt$를 구하고 그 의미를 설명하여라.

〖 풀이 〗

$-\frac{r}{V}t = \alpha$라 두면

$$\int_0^{60} s(t)dt = \int_0^{60} \frac{r}{V}C_0 e^{-\frac{r}{V}t}dt = \int_0^{-\frac{60r}{V}} C_0 e^{\alpha}(-d\alpha) = C_0\left(1 - e^{-\frac{60r}{V}}\right)$$

이다. 투석 후 처음 60분 동안 혈액에서 제거된 요소의 양이 $C_0\left(1 - e^{-\frac{60r}{V}}\right)$ 임을 의미한다.

연습문제 3.2

1. 다음 정적분을 구하여라.

(1) $\int_0^1 \sqrt[5]{1+6x}\,dx$

(2) $\int_0^1 x^2 e^x\,dx$

(3) $\int_{\frac{\pi}{4}}^{\frac{\pi}{2}} 4-\cot^2 x\,dx$

(4) $\int_0^{\frac{\pi}{4}} \tan x\,dx$

(5) $\int_{\frac{\pi}{4}}^{\frac{\pi}{3}} \frac{\sec^2 x}{\tan x}\,dx$

(6) $\int_0^{\frac{\pi}{3}} \frac{2\cos 2x}{\sin 2x}\,dx$

(7) $\int_{\frac{\pi}{4}}^{\frac{\pi}{3}} \csc x\cot x\,dx$

(8) $\int_0^{\frac{\pi}{3}} \cos x-\sec^2 x\,dx$

(9) $\int_0^1 5^x\,dx$

(10) $\int_1^3 \frac{1}{x}+3e^x\,dx$

(11) $\int_0^{\frac{\pi}{4}} \sec^6 x\,dx$

(12) $\int_0^{\frac{\pi}{2}} \sin 4x\cos 4x\,dx$

(13) $\int_{\frac{\pi}{4}}^{\frac{\pi}{2}} \sin^5 x\cos^2 x\,dx$

(14) $\int_0^{\sqrt{\frac{\pi}{4}}} x\sec^2(x^2)\tan^4(x^2)\,dx$

(15) $\int_{\frac{\pi}{6}}^{\frac{\pi}{4}} \tan^5 x\,dx$

(16) $\int_{\frac{\pi}{6}}^{\frac{\pi}{3}} \frac{\tan^3 x}{\cos^4 x}\,dx$

2. $\int_{-1}^{1} h(x)\,dx=3$이고 $\int_{-1}^{3} h(x)\,dx=-6$일 때 $-\int_3^1 h(x)\,dx$를 구하여라.

3. 정적분의 유계성을 이용하여 $\int_0^2 xe^{-x^3}\,dx$의 값을 추정하여라.

4. 주기적으로 숨을 들이마시기 시작하여 숨을 내쉬기까지의 호흡에 대한 주기는 대략 5초가 걸린다. 공기가 폐 속으로 흘러 들어가는 최대 비율은 약 $0.5L/s$이다. 폐 속으로 공기가 흘러 들어가는 비율의 모형을 만들기 위하여 함수

$$f(t)=\frac{1}{2}\sin\left(\frac{2\pi}{5}t\right)$$

을 사용한다. 이 모형을 이용하여 시각 t에서 폐 속으로 흘러 들어간 공기의 부피를 구하여라.

3.3 미적분학의 기본 정리와 응용

미분은 접선 문제, 정적분은 넓이 문제와 관계가 있다. 미분과 정적분이 서로 밀접한 관계가 있음을 알 수 있는 미분적분학의 기본정리를 소개한다. 개념적으로 미적분학의 기본정리는 미분과 적분이 서로 역과정이라는 사실을 보여준다. 또한 정적분을 계산하는데 매우 유용한 방법을 제시한다.

【정리 1】 미적분학의 기본 정리1

함수 f가 구간 $[a,b]$에서 연속이면

$$F(x)=\int_a^x f(t)dt,\ \ a\le x\le b$$

로 정의된 함수 F는 구간 $[a,b]$에서 연속이고 구간 (a,b)에서 미분가능하며

$$F'(x)=f(x)$$

이다.

예제 1

$\dfrac{d}{dx}\left[\displaystyle\int_1^x \frac{u-1}{\sqrt{u^2+1}}\,du\right]$을 구하여라.

〖풀이〗

미적분학의 기본 정리1에 의하여

$$\frac{d}{dx}\left[\int_1^x \frac{u-1}{\sqrt{u^2+1}}\,du\right]=\frac{x-1}{\sqrt{x^2+1}}$$

이다.

예제 2

$\dfrac{d}{dx}\left[\displaystyle\int_{\sin x}^{\sqrt{x}} \frac{1+u^2}{1+u^4}\,du\right]$을 구하여라.

〖 풀이 〗

미적분학의 기본 정리1과 연쇄법칙에 의해

$$\frac{d}{dx}\left[\int_{\sin x}^{\sqrt{x}} \frac{1+u^2}{1+u^4}\,du\right]=\frac{d}{dx}\left[\int_0^{\sqrt{x}} \frac{1+u^2}{1+u^4}\,du+\int_{\sin x}^{0} \frac{1+u^2}{1+u^4}\,du\right]$$

$$=\frac{d}{dx}\left[\int_0^{\sqrt{x}} \frac{1+u^2}{1+u^4}\,du-\int_0^{\sin x} \frac{1+u^2}{1+u^4}\,du\right]$$

$$=\frac{1+x}{2\sqrt{x}\,(1+x^2)}-\frac{(1+\sin^2 x)\cos x}{1+\sin^4 x}$$

이다.

예제 3

$x>0$인 모든 x에 대하여 $1+\int_a^x \frac{f(t)}{\sqrt{t}}\,dt=9x^2$일 때 함수 $f(x)$와 양수 a를 구하여라.

〖 풀이 〗

피적분함수에 있는 $f(x)$를 구하기 위해 양변을 미분하면

$$\frac{d}{dx}\left(1+\int_a^x \frac{f(t)}{\sqrt{t}}\,dt\right)=\frac{d}{dx}(9x^2) \Rightarrow \frac{f(x)}{\sqrt{x}}=18x$$

이다. 따라서 $f(x)=18x\sqrt{x}=18x^{\frac{3}{2}}$ 이다. 양수 a를 구하기 위해 x에 a를 대입하면 $1+\int_a^a \frac{f(t)}{\sqrt{t}}\,dt=9a^2$이고 $\int_a^a \frac{f(t)}{\sqrt{t}}\,dt=0$이므로 $9a^2=1$이고 $a=\pm\frac{1}{3}$이다. 주어진 조건에 의해서 $a=\frac{1}{3}$이다.

정적분 값을 계산할 때 유용하게 사용한 미적분학의 기본 정리2를 알아보자.

【 정리 2 】 미적분학의 기본 정리2

함수 f가 구간 $[a,b]$에서 연속이고 $F'=f$이면

$$\int_a^b f(t)dt=F(b)-F(a)$$

이다.

예제 4

$\int_0^{\frac{\pi}{3}} \sec x \tan x\, dx$를 구하여라.

〔 풀이 〕

미적분학의 기본 정리2에 의해

$$\int_0^{\frac{\pi}{3}} \sec x \tan x\, dx = [\sec x]_0^{\frac{\pi}{3}} = \sec\frac{\pi}{3} - \sec 0 = 2 - 1 = 1$$

이다.

【 정리 3 】 적분의 평균값 정리

함수 f가 구간 $[a, b]$에서 연속이면

$$\int_a^b f(x)\,dx = f(c)(b-a)$$

인 점 $c \in (a, b)$가 반드시 존재한다.

예제 5

함수 $F(x) = \int_a^{x^2} f(t)\,dt$일 때 도함수의 정의와 적분의 평균값 정리를 이용하여 $F'(x)$을 구하여라.

〔 풀이 〕

도함수의 정의 $F'(x) = \lim_{h \to 0} \frac{F(x+h) - F(x)}{h}$ 을 이용하면

$$F'(x) = \lim_{h \to 0} \frac{\int_a^{(x+h)^2} f(t)\,dt - \int_a^{x^2} f(t)\,dt}{h}$$

이다. 따라서

$$F'(x) = \lim_{h \to 0} \frac{\int_{x^2}^{(x+h)^2} f(t)\,dt}{h} \quad \text{(구간의 가법성에 의해)}$$

$$= \lim_{h \to 0} \frac{\left[(x+h)^2 - x^2\right] f(c)}{h}, \quad x^2 < c < (x+h)^2 \quad \text{(적분의 평균값 정리에 의해)}$$

$$= \lim_{h \to 0} \frac{(2xh + h^2)f(c)}{h}$$

$$= \lim_{h \to 0} (2x + h)f(c) \ = 2xf(x^2)$$

이다.

미적분학의 기본 정리의 실제 응용문제

반사계수와 투과계수에 관한 프레넬 방정식은 굴절률이 다른 두 물질로 빛이 투과할 때 반사와 굴절에 대한 성분으로 표현한 방정식이다. 이 방정식은 사인함수와 코사인함수로 표현된다. 이와 관련된 문제를 살펴보자.

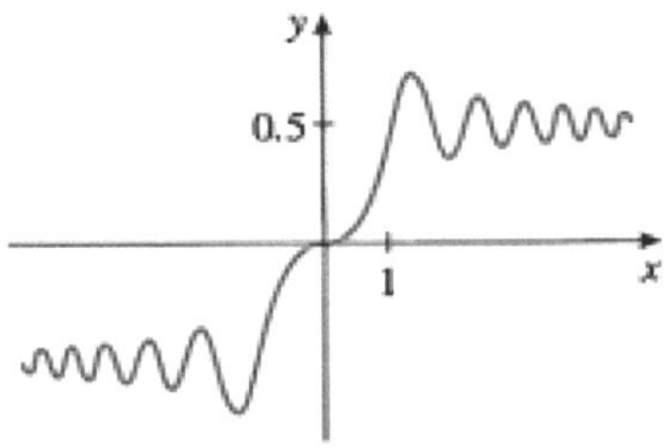

(프레넬 함수의 그래프)

예제 6

광파의 회절에 관한 프레넬 이론에 처음으로 나타났고 최근 고속도로 설계에 적용되는 프레넬 함수는

$$S(x) = \int_0^x \sin\left(\frac{\pi}{2}t^2\right)dt$$

이다. $S'(x)$을 구하여라.

〖풀이〗

미적분학의 기본 정리1에 의해

$$S'(x) = \frac{d}{dx}\left[\int_0^x \sin\left(\frac{\pi}{2}t^2\right)dt\right] = \sin\left(\frac{\pi}{2}x^2\right)$$

이다.

오차 함수(error function)는 확률론, 통계학, 편미분 방정식 등에서 사용하는 함수로써 정규 분포의 누적분포함수와 거의 유사하고, 쌍곡선함수 $y=\tanh x$의 그래프와 같은 형태를 가지고 있다.

예제 7

확률, 통계, 공학에서 많이 사용되는 오차 함수는

$$erf(x)=\frac{2}{\sqrt{\pi}}\int_0^x e^{-t^2}dt$$

이다. 함수 $y=e^{x^2}erf(x)$가 미분방정식 $y'=2xy+\frac{2}{\sqrt{\pi}}$을 만족함을 보여라.

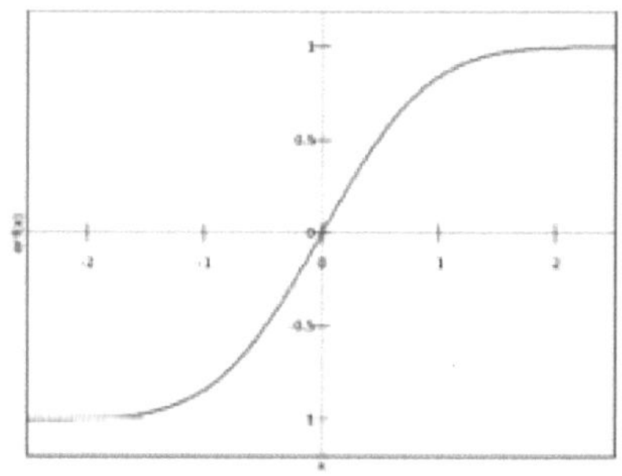

(오차 함수의 그래프)

《 풀이 》

미적분학의 기본 정리1을 이용하면

$$y'=\frac{d}{dx}(e^{x^2}erf(x))=\frac{d}{dx}\left[(e^{x^2})\left(\frac{2}{\sqrt{\pi}}\int_0^x e^{-t^2}dt\right)\right]$$

$$=2xe^{x^2}erf(x)+e^{x^2}\left(\frac{2}{\sqrt{\pi}}e^{-x^2}\right)=2xy+\frac{2}{\sqrt{\pi}}$$

이므로 $y=e^{x^2}erf(x)$는 미분방정식 $y'=2xy+\frac{2}{\sqrt{\pi}}$을 만족한다.

연습문제 3.3

※ [문제 1~2] 다음 극한값을 구하여라.

1. $\lim_{x \to 0} \frac{1}{x} \int_0^x \frac{t^2}{t^4+1}\, dt$

2. $\lim_{x \to 0} \frac{1}{x} \int_0^x (1-\tan 2t)^t\, dt$

※ [문제 3~4] 주어진 점에서 접선의 방정식을 구하여라.

3. $y = \int_{x-2}^{\sqrt{x}} \cos(\pi t^3)\, dt, \ x = 4$

4. $y = 2 + \int_1^{x^2} \sec(t-1)\, dt, \ x = -1$

5. 함수 $f(x)$가 연속일 때, 도함수의 정의를 이용하여
$\frac{d}{dx} \int_{2x}^{x^2} f(t)\, dt = 2x f(x^2) - 2f(2x)$ 임을 보여라.

6. 함수 $f(x)$가 연속일 때, $F(t) = \int_0^t \{t f(x) + 1\}\, dx$의 도함수를 구하여라.

7. $\frac{d}{dx} \left(\int_{\sin x}^{x^2} e^{t^2}\, dt \right)$의 값을 구하여라.

8. 함수 $F(x) = \int_1^{2x} f(t)\, dt$ 이고 $f(t) = \int_{\cos^2 t}^{t^2} \sqrt{1+u^2}\, du$ 일 때 $F''(\pi)$를 구하여라.

3.4 이상적분과 응용

3.2절에서 정적분은 함수 f가 유한구간 $[a,b]$에서 정의되는 함수였다. 이 절에서는 정적분의 개념을 확장하여 유한구간 $[a,b]$에서 f의 함숫값이 무한이 되는 경우나 함수의 정의역이 무한이 되는 경우의 적분을 알아보고자 한다. 이와 같은 개념의 적분을 이상적분 또는 특이적분이라고 하고 이 적분은 확률분포나 무한 시간을 고려해야 하는 다양한 응용문제를 푸는데 꼭 필요한 개념이다.

이상적분

〚정의 1〛 유한구간에서 함숫값이 무한이 되는 이상적분

(1) 함수 f가 구간 $[a,b)$에서 연속이고 $x \to b-$일 때 $|f(x)| \to \infty$라면 구간 $[a,b]$에서 함수 f의 이상적분은

$$\int_a^b f(x)\,dx = \lim_{R \to b-} \int_a^R f(x)\,dx$$

이다.

(2) 함수 f가 구간 $(a,b]$에서 연속이고 $x \to a+$일 때 $|f(x)| \to \infty$라면 구간 $[a,b]$에서 함수 f의 이상적분은

$$\int_a^b f(x)\,dx = \lim_{R \to a+} \int_R^b f(x)\,dx$$

이다.

(3) 함수 f가 구간 $[a,c) \cup (c,b]\,(a<c<b)$에서 연속이고 c에서 $|f(x)| \to \infty$라면 구간 $[a,b]$에서 함수 f의 이상적분은

$$\int_a^b f(x)\,dx = \lim_{R_1 \to c-} \int_a^{R_1} f(x)\,dx + \lim_{R_2 \to c+} \int_{R_2}^b f(x)\,dx$$

이다.

예제 1

$\int_0^2 \frac{1}{x-2}\,dx$를 구하여라.

〖 풀이 〗

$x=2$에서 수직점근선을 가지므로

$$\int_0^2 \frac{1}{x-2}\,dx = \lim_{a\to 2-}\int_0^a \frac{1}{x-2}\,dx = \lim_{a\to 2-}[\ln|x-2|]_0^a = \lim_{a\to 2-}[\ln|a-2|-\ln 2] = -\infty$$

이다.

예제 2

$\int_0^1 \ln x\,dx$를 구하여라.

〖 풀이 〗

$x=0$에서 수직점근선을 가지므로

$$\int_0^1 \ln x\,dx = \lim_{a\to 0+}\int_a^1 \ln x\,dx = \lim_{a\to 0+}[x\ln x - x]_a^1 = \lim_{a\to 0+}[-1-a\ln a+a]$$

이고 로피탈의 법칙을 적용하면

$$\lim_{a\to 0+} a\ln a = \lim_{a\to 0+}\frac{\ln a}{\frac{1}{a}} = \lim_{a\to 0+}\frac{\frac{1}{a}}{-\frac{1}{a^2}} = \lim_{a\to 0+}(-a) = 0$$

이다. 따라서 $\int_0^1 \ln x\,dx = -1$이다.

예제 3

$\int_0^{\frac{\pi}{2}} \tan x\,dx$를 계산하여라.

〖 풀이 〗

$x=\frac{\pi}{2}$에서 수직점근선을 가지므로

$$\int_0^{\frac{\pi}{2}} \tan x\,dx = \lim_{a\to\frac{\pi}{2}-} \int_0^a \tan x\,dx = \lim_{a\to\frac{\pi}{2}-} [-\ln|\cos x|]_0^a = \lim_{a\to\frac{\pi}{2}-} [-\ln|\cos a|] = +\infty$$

이다.

예제 4

$\int_0^2 \frac{1}{(1-x)^{2/3}}\,dx$를 계산하여라.

〖 풀이 〗

$x=1$에서 수직점근선을 가지므로

$$\int_0^2 \frac{1}{(1-x)^{2/3}}\,dx = \int_0^1 \frac{1}{(1-x)^{2/3}}\,dx + \int_1^2 \frac{1}{(1-x)^{2/3}}\,dx$$

이다. 따라서

$$\begin{aligned}\int_0^2 \frac{1}{(1-x)^{2/3}}\,dx &= \lim_{a\to 1-}\int_0^a \frac{1}{(1-x)^{2/3}}\,dx + \lim_{b\to 1+}\int_b^2 \frac{1}{(1-x)^{2/3}}\,dx \\ &= \lim_{a\to 1-}\left[-3(1-x)^{1/3}\right]_0^a + \lim_{b\to 1+}\left[-3(1-x)^{1/3}\right]_b^2 \\ &= 6\end{aligned}$$

이다.

〖 정의 2 〗 구간이 무한인 이상적분

(1) 함수 f가 구간 $[a,\infty)$에서 연속함수이면, 이상적분 $\int_a^\infty f(x)\,dx$는

$$\int_a^\infty f(x)\,dx = \lim_{R\to\infty}\int_a^R f(x)\,dx$$

이다.

(2) 함수 f가 구간 $(-\infty, b]$에서 연속함수이면, 이상적분 $\int_{-\infty}^b f(x)\,dx$는

$$\int_{-\infty}^b f(x)\,dx = \lim_{R\to-\infty}\int_R^b f(x)\,dx$$

이다.

예제 5

$\int_{1}^{\infty} \frac{1}{x^3}\, dx$를 계산하여라.

〘 풀이 〙

구간이 무한인 이상적분이므로

$$\int_{1}^{\infty} \frac{1}{x^3}\, dx = \lim_{R\to\infty}\int_{1}^{R} \frac{1}{x^3}\, dx =-\frac{1}{2}\lim_{R\to\infty}\left[\frac{1}{x^2}\right]_{1}^{R} = \lim_{R\to\infty}\left(\frac{1}{2}-\frac{1}{2R^2}\right)= \frac{1}{2}$$

이다.

예제 6

$\int_{-\infty}^{0} e^{2x}\sqrt{1-e^{2x}}\, dx$를 계산하여라.

〘 풀이 〙

구간이 무한인 이상적분이므로

$$\int_{-\infty}^{0} e^{2x}\sqrt{1-e^{2x}}\, dx = \lim_{R\to-\infty}\int_{R}^{0} e^{2x}\sqrt{1-e^{2x}}\, dx$$

이고 $e^{2x}=t \Rightarrow 2e^{2x}dx = dt$로 두고 적분하면

$$\int_{-\infty}^{0} e^{2x}\sqrt{1-e^{2x}}\, dx = \lim_{R\to-\infty}\int_{R}^{0} e^{2x}\sqrt{1-e^{2x}}\, dx= \lim_{R\to-\infty}\left[-\frac{1}{3}(1-e^{2x})^{\frac{3}{2}}\right]_{R}^{0} = \frac{1}{3}$$

이다.

예제 7

$\int_{1}^{\infty} \frac{1}{x^p}\, dx$가 수렴하기 위한 p의 값을 구하여라.

〘 풀이 〙

$$\int_{1}^{\infty} \frac{1}{x^p}\, dx = \lim_{R\to\infty}\int_{1}^{R} \frac{1}{x^p}\, dx = \lim_{R\to\infty}\left[\frac{1}{1-p}x^{-p+1}\right]_{1}^{R} = \lim_{R\to\infty}\frac{1}{1-p}[R^{-p+1}-1]$$

이므로

$p>1$이면 $\int_{1}^{\infty} \frac{1}{x^p}\, dx = \lim_{R\to\infty}\frac{1}{1-p}[R^{-p+1}-1]= \frac{1}{p-1}$이다.

$p<1$이면 $\displaystyle\int_1^{\infty}\frac{1}{x^p}\,dx=\lim_{R\to\infty}\frac{1}{1-p}\left[R^{-p+1}-1\right]=+\infty$이다.

$p=1$이면 $\displaystyle\int_1^{\infty}\frac{1}{x}\,dx=\lim_{R\to\infty}\left[\ln|R|-\ln 1\right]=+\infty$이다.

따라서 $p>1$이면 $\displaystyle\int_1^{\infty}\frac{1}{x^p}\,dx=\frac{1}{p-1}$로 수렴한다.

이상적분의 정확한 값을 계산하는 것보다 그 수렴성이 중요한 경우가 있다. 적분 계산이 불가능한 경우는 적분 값을 구체적으로 구하지 못하므로 수렴인지 발산인지를 결정만 하면 된다. 만일 수렴하면 그 값의 근삿값을 구하기 위해 수치적 방법을 적용할 수 있다. 이상적분의 수렴성에 관한 판정법을 알아보자.

【 정리 1 】 비교판정법

두 함수 f와 g가 구간 $[a,\infty)$에서 연속이고, $x\in[a,\infty)$인 모든 x에 대하여 $0\le g(x)\le f(x)$일 때,

(1) $\displaystyle\int_a^{\infty}f(x)\,dx$가 수렴하면 $\displaystyle\int_a^{\infty}g(x)\,dx$도 수렴한다.

(2) $\displaystyle\int_a^{\infty}g(x)\,dx$가 발산하면 $\displaystyle\int_a^{\infty}f(x)\,dx$도 발산한다.

예제 8

$\displaystyle\int_1^{\infty}e^{-x^2}\,dx$가 수렴하는지 또는 발산하는지를 판정하여라.

〘 풀이 〙

$\displaystyle\int_1^{\infty}e^{-x^2}\,dx$의 수렴성에 대해서만 살펴보자. $f(x)=e^{-x^2}$, $1\le x<\infty$라 할 때 $g(x)=e^{-x}$는 $f(x)\le g(x)$, $1\le x<\infty$가 성립한다.

$$\int_1^{\infty}e^{-x}\,dx=\lim_{R\to\infty}\int_1^{R}e^{-x}\,dx=\lim_{R\to\infty}\left[-e^{-x}\right]_1^R=\lim_{R\to\infty}\left[e^{-1}-e^{-R}\right]=e^{-1}$$

이다. 따라서 비교판정법에 의해 $\displaystyle\int_1^{\infty}e^{-{}^2}\,dx$도 수렴한다.

예제 9

$\int_1^\infty \frac{\ln x}{e^{4x}} dx$가 수렴하는지 발산하는지 판정하여라.

〖풀이〗

$x > 1$일때 $0 < \ln x < x < e^x$이고 $\frac{\ln x}{e^{4x}} < \frac{e^x}{e^{4x}} = e^{-3x}$이므로

$$\int_1^\infty \frac{\ln x}{e^{4x}} dx < \int_1^\infty e^{-3x} dx = \lim_{b \to \infty} \int_1^b e^{-3x} dx = \lim_{b \to \infty} \left[-\frac{1}{3} e^{-3x} \right]_1^b = \frac{1}{3e^3}$$

이다. 따라서 비교판정법에 의해 $\int_1^\infty \frac{\ln x}{e^{4x}} dx$는 수렴한다.

이상적분의 실제 응용문제

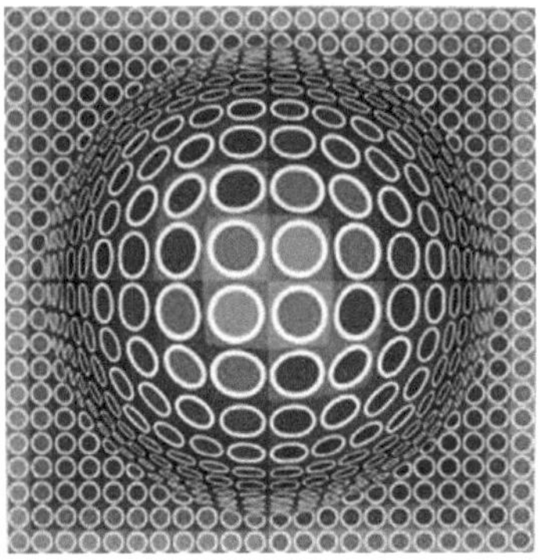

(팔켓의 그림)

위의 팔켓의 그림을 살펴보면 원을 계속 그릴수록 원이 더 많이 생기지만 원의 전체 넓이는 변하지 않고 원의 둘레는 무한인 현상이 생긴다. 이렇게 원의 넓이는 유한이지만 원의 둘레는 무한인 현상이 있듯이 부피는 유한이나 겉넓이는 무한인 현상도 존재한다. 가브리엘(Gabriel) 호른을 통하여 이러한 현상을 살펴보자.

예제 10

구간 $[1, \infty)$상에서 정의된 곡선 $y = \dfrac{1}{x}$를 x축으로 회전시키면 가브리엘 호른이라는 곡면이 생긴다.

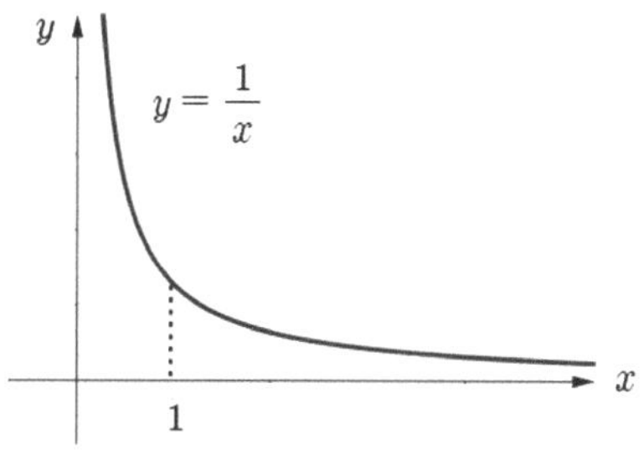

(a) $f(x) = \dfrac{1}{x},\ 1 \le x < \infty$

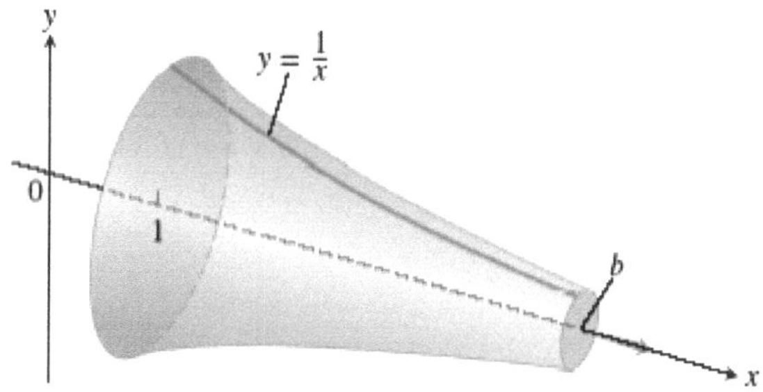

(b) 가브리엘 호른

(1) 가브리엘 호른의 부피를 구하여라.

(2) 가브리엘 호른의 겉넓이를 구하여라.

《 풀이 》

(1) 가브리엘 호른의 부피는

$$V = \pi \int_1^\infty \frac{1}{x^2}\, dx = \pi \lim_{R\to\infty} \int_1^R \frac{1}{x^2}\, dx = \pi \lim_{R\to\infty} \left[-\frac{1}{x} \right]_1^R = \pi \lim_{R\to\infty} \left(-\frac{1}{R} + 1 \right) = \pi$$

이므로 유한이다.

(2) 가브리엘 호른의 겉넓이는

$$S = 2\pi \int_1^\infty \frac{1}{x} \sqrt{1 + \frac{1}{x^4}}\, dx = 2\pi \lim_{R\to\infty} \int_1^R \frac{1}{x} \sqrt{1 + \frac{1}{x^4}}\, dx = 2\pi \lim_{R\to\infty} \int_1^R \frac{\sqrt{1+x^4}}{x^3}\, dx$$

이고 위의 식은 $1 \le x < \infty$에서 $f(x) = \dfrac{\sqrt{1+x^4}}{x^3}$, $g(x) = \dfrac{1}{x}$라 두면 $1 \le x < \infty$에서 $f(x) \ge g(x)$가 성립한다.

$$\int_1^\infty g(x)dx = \int_1^\infty \frac{1}{x} dx = \lim_{R\to\infty} \int_1^R \frac{1}{x} dx = \lim_{R\to\infty} [\ln|x|]_1^R = \lim_{R\to\infty} [\ln|R| - \ln 1] = +\infty$$

이므로 비교판정법에 의하여 $S = 2\pi \displaystyle\int_1^\infty \frac{1}{x} \sqrt{1 + \frac{1}{x^4}}\, dx$도 발산한다. 따라서 가브리엘 호른의 겉넓이는 무한이다.

NOTE

❶ 함수 $y=f(x)$, $x\in[a,b]$를 x축을 중심으로 회전시켜 얻은 회전체의 부피는

$$V=\int_a^b \pi(f(x))^2\,dx$$

이다.

❷ 함수 $y=f(x)$, $x\in[a,b]$를 x축을 중심으로 회전시켜 얻은 회전면의 넓이는

$$S=\int_a^b 2\pi f(x)\sqrt{1+[f'(x)]^2}\,dx=\int_a^b 2\pi y\sqrt{1+\left(\frac{dy}{dx}\right)^2}\,dx$$

이다.

방사성 탄소 연대 측정법(radiocarbon dating)은 탄소화합물 중의 탄소의 일부에 포함된 탄소 동위원소인 탄소 ^{14}C 의 비를 측정하여 유기체가 만들어진 연대를 추정하는 방사능 연대 측정 방법이다. 탄소 ^{14}C 는 시간에 따라 일정한 비율로 감소하므로 반감기를 이용하여 유기체가 만들어진 연대를 알 수 있다.

예제 11

방사선 탄소 기록을 사용한 탄소 동위원소에 대한 방사능 물질 원자 ^{14}C의 평균수명 M이

$$M=-k\int_0^\infty te^{kt}dt \ \ (k=-0.00012)$$

일 때 ^{14}C의 평균수명을 구하여라.

【 풀이 】

이상적분과 로피탈의 법칙에 의해

$$M=-k\int_0^\infty te^{kt}dt=(-k)\lim_{R\to\infty}\int_0^R te^{kt}dt=(-k)\lim_{R\to\infty}\left[\frac{t}{k}e^{kt}-\frac{1}{k^2}e^{kt}\right]_0^R$$

$$=(-k)\lim_{R\to\infty}\left[\frac{R}{k}e^{Rk}-\frac{1}{k^2}e^{Rk}+\frac{1}{k^2}\right]=-\frac{1}{k}=\frac{1}{0.00012} \ \ (k<0)$$

이다.

예제 12

약물 사용자 M명을 대상으로 실시한 불법 약물 사용 확산 연구에서 예상 신규 사용자의 수는 다음과 같은 방정식으로 모델링된다.

$$L=\int_0^{\infty}\frac{CM(1-e^{-\alpha t})}{\alpha}e^{-\beta t}dt$$

단, C, α, β는 상수이다. R을 구하여라.

〖 풀이 〗

$$L=\int_0^{\infty}\frac{CM(1-e^{-\alpha t})}{\alpha}e^{-\beta t}dt=\frac{CM}{\alpha}\lim_{R\to\infty}\int_0^{R}\left(e^{-\beta t}-e^{-(\alpha+\beta)t}\right)dt$$

$$=\frac{CM}{\alpha}\lim_{R\to\infty}\left[-\frac{1}{\beta}e^{-\beta R}+\frac{1}{\alpha+\beta}e^{-(\alpha+\beta)R}+\frac{1}{\beta}-\frac{1}{\alpha+\beta}\right]=\frac{CM}{\beta(\alpha+\beta)}$$

이다.

라플라스 변환은 동역학계와 같은 미분방정식을 풀 때 사용되는 도구로써, 미분방정식을 대수방정식 꼴로 변환시켜 보다 쉽게 풀 수 있다는 이점을 가지고 있는 변환이다. 복잡한 형태의 미분방정식 풀이 과정을 간단한 식으로 변환하여 문제를 해결하는 변환이다.

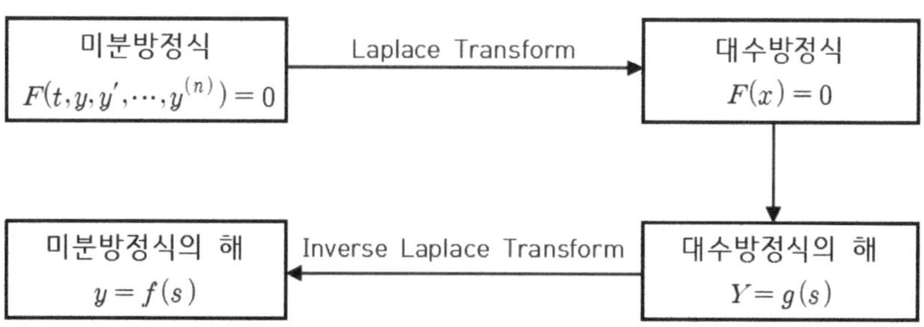

예제 13

함수 $f(t)$가 $t \geq 0$에서 연속이면 f의 라플라스 변환 $\mathcal{L}(f)$는

$$\mathcal{L}(f) = \int_0^\infty f(t)e^{-st}dt$$

로 정의된다. $f(t) = \sin t$의 라플라스 변환을 구하여라.

【 풀이 】

$$\mathcal{L}(\sin t) = \int_0^\infty e^{-st}\sin t\,dt = \lim_{R\to\infty}\int_0^R e^{-st}\sin t\,dt$$

$$= \lim_{R\to\infty}\left[-\frac{1}{s}e^{-st}\sin t - \frac{1}{s^2}e^{-st}\cos t\right]_0^R - \frac{1}{s^2}\int_0^\infty e^{-st}\sin t\,dt$$

이므로

$$\left(1+\frac{1}{s^2}\right)\int_0^\infty e^{-st}\sin t\,dt = \lim_{R\to\infty}\left[-\frac{1}{s}e^{-sR}\sin R - \frac{1}{s^2}e^{-sR}\cos R + \frac{1}{s^2}\right] = \frac{1}{s^2}$$

이다. 따라서 $\mathcal{L}(\sin t) = \int_0^\infty e^{-st}\sin t\,dt = \frac{1}{s^2+1}$ 이다.

연습문제 3.4

1. 다음 이상적분의 수렴과 발산을 조사하고, 수렴하면 그 값을 구하여라.

(1) $\displaystyle\int_1^{\infty} \frac{1}{1+\ln x}\,dx$ (2) $\displaystyle\int_1^{\infty} \frac{x^{p-1}}{1+x}\,dx \ (0<p<1)$

(3) $\displaystyle\int_0^{\infty} \ln\left(1+\frac{a^2}{x^2}\right)dx$ (단, $a>0$) (4) $\displaystyle\int_{\frac{1}{\sqrt{3}}}^{\infty} \frac{1}{\sqrt{1+2\cos^2 x+3x^2}}\,dx$

(5) $\displaystyle\int_0^{1} \frac{1}{\sqrt{x(1-x)}}\,dx$ (6) $\displaystyle\int_a^{b} \frac{1}{\sqrt{(x-a)(b-x)}}\,dx \ (a<b)$

(7) $\displaystyle\int_0^{1} \sqrt{\frac{x}{1-x}}\,dx$ (8) $\displaystyle\int_0^{2a} \frac{1}{(x-a)^2}\,dx$

2. $\displaystyle\int_0^1 \frac{1}{x^p}\,dx$가 수렴하기 위한 p의 값을 구하여라.

3. 다음 이상적분의 수렴과 발산을 조사하여라.

(1) $\displaystyle\int_1^{\infty} \frac{1}{x^2+e^x}\,dx$ (2) $\displaystyle\int_1^{\infty} \frac{1+\sec^2 x}{x}\,dx$

4. 투석 치료는 환자의 혈액의 흐름을 외부로 우회하여 투석기를 통과하게 한 후 혈액에서 요소와 다른 배설물을 제거한다. 혈액에서 요소가 제거되는 속도 방정식은

$$s(t)=\frac{r}{V}C_0 e^{-\frac{r}{V}t}$$

이다. 단, r은 투석기를 통과하는 혈액의 속도, V는 환자의 혈액량, C_0는 $t=0$일 때 혈액 속의 요소 양이다. $\displaystyle\int_0^{\infty} s(t)\,dt$를 구하고, 그 의미를 설명하여라.

5. $f(t)=t^3$의 라플라스 변환을 구하여라.

Chapter 04

벡터 및 행렬과 응용

Vectors, Matrices and Applications

벡터는 방향과 크기를 가지는 형태의 물리량을 표현한다. 예를 들어 바람은 “어떤 방향”으로 “얼마만큼의 세기“ 두 가지 요소가 반드시 필요하다. 이런 현상의 수학적이 표현이 벡터이다. 벡터에 관한 이론은 공학, 물리학, 유전학, 경제학 등 다양한 분야에 적용된다. 연립일차방정식을 풀기 위하여 크라머 법칙을 이용하며 보다 발전된 행렬 이론은 네트워크 분석, 전기회로의 문제 해결에 활용된다. 또한 고윳값과 고유벡터의 개념은 연립미분방정식을 푸는 중요한 이론이다.

Chapter 04 벡터 및 행렬과 응용

4.1 벡터와 응용

힘, 속도, 가속도와 같이 크기와 방향이 있는 양을 나타내기 위하여 평면에서의 벡터를 소개하며 벡터의 덧셈에 관한 정의와 두 벡터의 내적을 정의한다. 물리학, 공학의 여러 관점에서 벡터의 다양한 응용도 살펴보자.

벡터

크기와 방향을 가진 양을 가리키는 데 이용되며 흔히 화살표나 유향 선분으로 나타내는 벡터를 정의해 보자.

〚 정의 1 〛 벡터

(1) 벡터 $\overrightarrow{PQ}$에서 P를 시작점(initial point), Q를 끝점(terminal point)이라 한다. 시작점의 위치는 관계가 없고 오직 크기와 방향만이 중요하다. 벡터를 나타낼 때 시작점을 원점에 둔 벡터를 **위치 벡터**라 한다.

평면상에서 시작점이 원점 $O(0,0)$이고 끝점이 점 $A(a_1, a_2)$인 벡터를 $\boldsymbol{a}$라 할 때 다음과 같이 표시한다.

$$\boldsymbol{a} = \overrightarrow{OA} = < a_1, a_2 >$$

a_1과 a_2를 벡터 $\boldsymbol{a}$의 성분이라 한다.

(2) 평면상의 **위치 벡터 $\boldsymbol{a}$의 크기** 또는 **길이**는 기호 $\|\boldsymbol{a}\|$로 나타내고

$$\|\boldsymbol{a}\| = \sqrt{a_1^2 + a_2^2}$$

이다.

NOTE

❶ 공간상에서 시작점이 원점이고 끝점이 점 $A(a_1, a_2, a_3)$인 위치 벡터를 $\boldsymbol{a}$라 할 때 다음과 같이 표시한다.

$$\boldsymbol{a} = \overrightarrow{OA} = < a_1, a_2, a_3 >$$

a_1, a_2, a_3를 벡터 $\boldsymbol{a}$의 성분이라 한다.

❷ 공간상의 위치 벡터 $\boldsymbol{a}$의 크기는 기호 $\|\boldsymbol{a}\|$로 나타내고

$$\|\boldsymbol{a}\| = \sqrt{a_1^2 + a_2^2 + a_3^2}$$

이다.

위치 벡터로 나타난 벡터의 덧셈에 관한 연산을 살펴보자.

〖정의 2〗벡터의 스칼라 배, 덧셈, 단위벡터

(1) $\boldsymbol{a} = < a_1, a_2 >, \boldsymbol{b} = < b_1, b_2 >$ 이고 α가 실수이면

$$\boldsymbol{a} + \boldsymbol{b} = < a_1 + b_1, a_2 + b_2 >$$

$$\boldsymbol{a} - \boldsymbol{b} = < a_1 - b_1, a_2 - b_2 >$$

$$\alpha \boldsymbol{a} = < \alpha a_1, \alpha a_2 >$$

이다.

(2) 벡터의 성분이 모두 0인 벡터를 **영벡터**라 한다.

$$\boldsymbol{0} = < 0, 0 >$$

(3) 벡터의 크기가 1인 벡터 $\boldsymbol{u}$를 **단위벡터**라고 한다.

$$\|\boldsymbol{u}\| = 1$$

0이 아닌 위치벡터 $\boldsymbol{a} = < a_1, a_2 >$와 같은 방향을 갖는 단위 벡터는

$$\boldsymbol{u} = \frac{1}{\|\boldsymbol{a}\|}\boldsymbol{a}$$

이다.

(4) 같은 또는 반대방향을 가지는 두 벡터를 **평행**이라고 한다.

$$\boldsymbol{a} // \boldsymbol{b} \Leftrightarrow \boldsymbol{a} = \alpha \boldsymbol{b},\ \alpha\text{는 실수}$$

예제 1

두 벡터 $a = < -2, 1 >$, $b = < 1, 3 >$에 대하여 다음을 계산하여라.

(1) $2a+b$

(2) $\| 2a+b \|$

(3) $2a+b$ 와 같은 방향을 갖는 단위벡터

〖풀이〗

(1) $2a+b = 2 < -2, 1 > + < 1, 3 > = < -4, 2 > + < 1, 3 > = < -3, 5 >$

(2) $\| 2a+b \| = \| < -3, 5 > \| = \sqrt{(-3)^2 + 5^2} = \sqrt{34}$

(3) $u = \dfrac{2a+b}{\|2a+b\|} = < \dfrac{-3}{\sqrt{34}}, \dfrac{5}{\sqrt{34}} >$

벡터의 대수적인 연산과 성질에 대하여 살펴보았다. 이제는 수학이나, 물리, 공학 등에서 중요한 역할을 하는 벡터의 내적(inner product 또는 dot product)을 소개한다. 벡터의 내적은 평면 벡터나 공간 벡터 등 모든 차원의 벡터에 대하여 정의가 가능하고 그 결과는 스칼라 값이다.

〚정의 3〛 벡터의 내적

벡터 $a = < a_1, a_2 >$와 $b = < b_1, b_2 >$의 **내적**은

$$a \cdot b = a_1 b_1 + a_2 b_2$$

이다.

내적은 두 벡터가 이루는 각을 구할 때와 두 벡터가 수직인 경우를 밝히는데 중요한 역할을 한다. 내적의 성질들을 살펴보자.

【정리 1】 내적의 성질

두 벡터 a, b에 대하여 다음이 성립한다.

(1) $a \cdot b = b \cdot a$

(2) $a \cdot (b+c) = a \cdot b + a \cdot c$

(3) 임의의 스칼라 α에 대하여 $(\alpha a) \cdot b = \alpha(a \cdot b) = a \cdot (\alpha b)$

(4) $a \neq 0$이면 $a \cdot a = \|a\|^2 > 0$

(5) 두 벡터 a와 b 사이의 각이 θ이면

$$a \cdot b = \|a\|\|b\|\cos\theta \ (0 \leq \theta \leq \pi)$$

이다.

(6) 두 벡터 a, b가 수직일 필요충분조건은

$$a \cdot b = 0$$

이다.

예제 2

두 벡터 $a = < 1, \sqrt{3} >, b = < 5, 0 >$ 의 사잇각을 구하여라.

〖풀이〗

두 벡터가 이루는 각을 θ라 할 때

$$\cos\theta = \frac{a \cdot b}{\|a\|\|b\|} = \frac{(1)(5) + (\sqrt{3})(0)}{\sqrt{1+3}\sqrt{25+0}} = \frac{1}{2}$$

이므로 두 벡터가 이루는 각 $\theta = \frac{\pi}{3}$이다.

예제 3

벡터 $a = < 2, -1 >$에 수직인 단위벡터 $b = < b_1, b_2 >$ 대하여 $3b_1^2 + 2b_2^2$ 을 구하여라.

〖풀이〗

두 벡터가 수직이므로

$$a \cdot b = 2b_1 - b_2 = 0 \Rightarrow b_2 = 2b_1$$

이고 b는 단위벡터이므로 $\sqrt{b_1^2 + b_2^2} = 1$ 이다. 두 조건을 연립하면 $b_1^2 = \frac{1}{5}$, $b_2^2 = \frac{4}{5}$이므로 $3b_1^2 + 2b_2^2 = \frac{11}{5}$이다.

벡터의 응용

힘은 크기와 방향을 모두 가지고 있으므로 벡터로 나타난다. 하나의 물체에 여러 힘이 작용하면 이 물체에 영향을 주는 합성력은 이들 힘의 벡터의 합이다.

비행기가 바람을 타고 날고 있다면 비행기의 항로는 비행기와 바람의 속도 벡터들의 합성력의 방향이다. 비행기의 대지 속도는 합성력의 크기이다. 흐르는 물을 항해 하는 보트의 경로는 보트와 수류의 속도 벡터들의 합성력의 방향으로 정해진다. 이와 관련된 내용을 다음 예제를 통하여 살펴보자.

예제 4

시속 $4km$로 서쪽으로 곧게 흐르는 강의 남쪽 해안에서 배를 타고 출발하여 바로 건너편 지점에 도착하고자 한다. 배의 속도가 $8km/h$인 경우 배의 조정 방향을 구하여라.

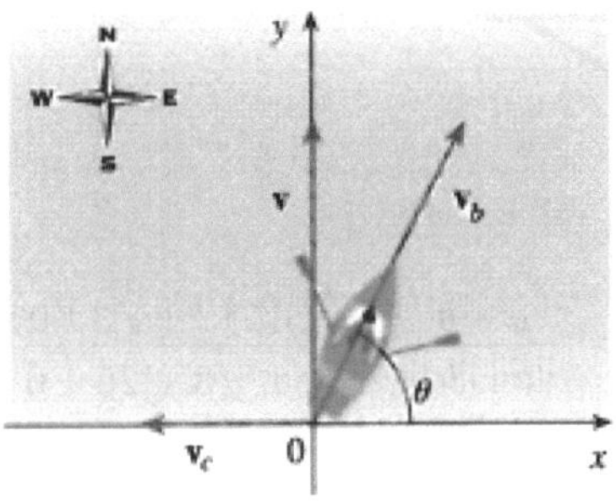

【 풀이 】

강이 흐르는 속도 $v_c = <-4, 0>$이고 배의 속도는 $v_b = <8\cos\theta, 8\sin\theta>$이므로 합성력의 속도는

$$v = v_b + v_c = <8\cos\theta, 8\sin\theta> + <-4, 0> = <8\cos\theta - 4, 8\sin\theta>$$

이다. 북쪽으로 전진하기 위해서는 v의 x성분이 0이여야 하므로

$$8\cos\theta - 4 = 0 \Rightarrow \cos\theta = \frac{1}{2} \Rightarrow \theta = \frac{\pi}{3}$$

이다. 따라서 $\theta = \frac{\pi}{3}$방향으로 배를 조정해야 한다.

물리학에서 일을 계산할 때 내적의 개념이 사용된다. 일정한 힘 F로 물체를 거리 d 만큼 이동 시켰을 때 한 일 W는 $W=Fd$이다. 아래의 그림처럼 힘 F 가 D 방향으로 한 일 W는

$$W=(\|\boldsymbol{F}\|\cos\theta)\|\boldsymbol{D}\|=\boldsymbol{F}\cdot\boldsymbol{D}$$

이다.

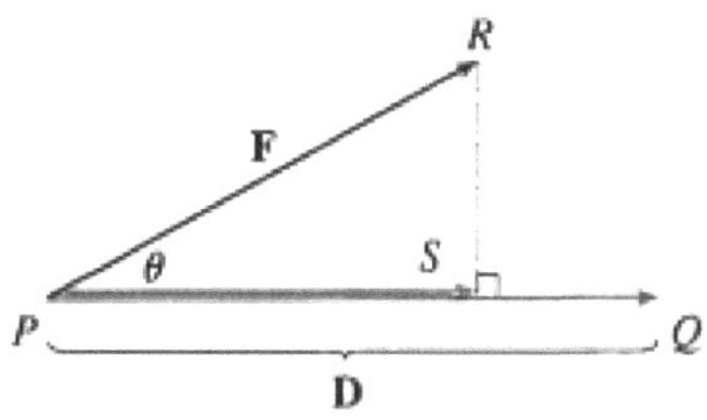

관련된 일의 양을 다음 예제를 통하여 구해 보자.

예제 5

벡터 $\boldsymbol{F}=<3,4>$로 주어진 힘이 물체를 $P(2,1)$에서 $Q(4,6)$ 방향으로 이동시켰을 때 한 일을 구하여라.

〖풀이〗

$P(2,1)$에서 $Q(4,6)$ 방향 벡터는

$$\boldsymbol{D}=\overrightarrow{PQ}=<4,6>-<2,1>=<2,5>$$

이므로 일의 양은

$$W=\boldsymbol{F}\cdot\boldsymbol{D}=<3,4>\cdot<2,5>=26$$

이다.

연습문제 4.1

1. 주어진 벡터에 대하여 $2a+4b$, $\|a-3b\|$을 구하여라.

   (1) $a=<3,-4>$, $b=<1,5>$

   (2) $a=<-\sqrt{2},-9>$, $b=<2\sqrt{2},5>$

   (3) $a=<1,-1,2>$, $b=<6,5,1>$

   (4) $a=<8,-4,3>$, $b=<1,1,1>$

2. 벡터 $<4,-2,\sqrt{5}>$와 같은 방향을 가지고 크기가 15인 벡터를 구하여라.

3. 주어진 벡터에 대하여 내적 $a \cdot b$를 구하여라.

   (1) $a=\left\langle 2,-\frac{1}{4}\right\rangle$, $b=<-1,8>$

   (2) $a=<1,6,-4>$, $b=\left\langle -\frac{1}{2},\frac{2}{3},2\right\rangle$

   (3) $a=-2i+j$, $b=i+\frac{1}{2}j$

   (4) $a=i+4j-3k$, $b=-2i+j+5k$

   (5) $\|a\|=3$, $\|b\|=7$ 이고 a와 b 사이의 각이 $\frac{3}{4}\pi$인 벡터 a, b

4. 주어진 벡터의 사이의 각을 구하여라.

   (1) $a=<1,\sqrt{3}>$, $b=<5,0>$

   (2) $a=<2,6,-3>$, $b=<-2,2,1>$

5. 무게가 $100kg$인 물체가 아래의 그림과 같이 두 개의 중에 매달려 있을 때 두 줄에 걸리는 장력 T_1, T_2와 장력의 크기를 구하여라.

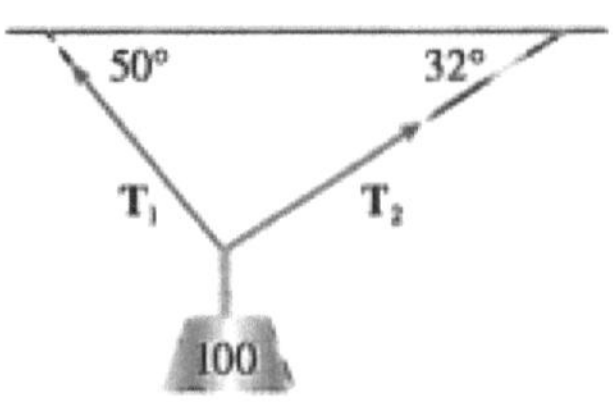

4.2 행렬과 응용

여러 가지 과학, 경제, 생물학, 수학적 데이터는 행과 열로 이루어진 직사각형 배열로 정리하는데 이 배열을 행렬이라고 한다. 행렬은 다양한 관찰에서 얻어지는 수치적 자료를 표현하기도 하고 연립방정식을 푸는 중요한 도구로 사용되기도 한다. 또한 행렬의 연구는 많은 실제적 응용에 활용되는 중요한 이론으로 수학의 한 분야인 선형대수학에서 많은 내용을 공부할 수 있다. 이 절에서는 선형대수학 내용 중 우리가 모델링에서 필요로 하는 이론과 그 응용을 살펴본다.

행렬

행렬의 정의와 상등에 대하여 알아보자.

〚정의 1〛 행렬

숫자나 문자를 사각형 모양으로 배열하여 기호 [ ] 또는 ( )으로 묶어놓은 것을 **행렬**(matrix)이라 정의한다. m과 n이 자연수일 때, 실수를 **성분**(entry)으로 갖는 $m \times n$행렬

$$A = \begin{pmatrix} a_{11} & a_{12} & \cdots & a_{1n} \\ a_{21} & a_{22} & \cdots & a_{2n} \\ \vdots & \vdots & & \vdots \\ a_{m1} & a_{m2} & \cdots & a_{mn} \end{pmatrix}$$

인 꼴로 $m \times n$개의 실수 a_{ij} 를 배열한 것이다. 행렬 A에 가로로 놓여 있는 줄을 **행**(row), 세로로 서 있는 줄을 **열**(column)이라 하며 간단히

$$A = (a_{ij})_{m \times n}$$

으로 쓰기도 한다. 모든 성분이 0인 행렬은 **영행렬**(zero matrix) O라 한다.

〚정의 2〛 행렬의 상등

두 행렬 $A = (a_{ij})_{m \times n}$, $B = (b_{ij})_{m \times n}$의 모양이 같고 모든 $i, j(1 \le i \le m,\ 1 \le j \le n)$에 대하여 $a_{ij} = b_{ij}$ 일 때 A와 B가 **상등**이라고 하며 $A = B$ 라고 표기한다.

예제 1

두 행렬 $A=\begin{pmatrix}1&2&3\\a&4&b\\6&7&c\end{pmatrix}$, $B=\begin{pmatrix}1&d&3\\8&4&-1\\6&7&0\end{pmatrix}$ 가 상등일 때, 실수 a, b, c, d를 구하여라.

〖 풀이 〗

$A=B$이기 위해서는 행렬의 모양이 같고 대응하는 모든 성분이 같아야 하므로

$a=8,\ b=-1,\ c=0,\ d=2$ 이다.

행렬도 덧셈에 대한 연산이 정의된다. 행렬에서의 스칼라 곱과 덧셈을 정의하고 그 성질을 살펴보자.

〖 정의 3 〗 행렬의 스칼라 곱, 덧셈

모양이 같은 두 행렬 $A=(a_{ij})_{m\times n}$, $B=(b_{ij})_{m\times n}$에 대하여, 행렬의 덧셈 $A+B$와 실수 α에 대한 스칼라 곱 αA는

$$A+B=(a_{ij}+b_{ij})_{m\times n},\quad \alpha A=(\alpha a_{ij})_{m\times n}$$

이다.

두 행렬 $A=\begin{pmatrix}a_{11}&a_{12}&a_{13}\\a_{21}&a_{22}&a_{23}\\a_{31}&a_{32}&a_{33}\end{pmatrix}$, $B=\begin{pmatrix}b_{11}&b_{12}&b_{13}\\b_{21}&b_{22}&b_{23}\\b_{31}&b_{32}&b_{33}\end{pmatrix}$가 3×3 행렬일 때, A와 B의 합 $A+B$는

$$A+B=(a_{ij}+b_{ij})_{3\times 3}=\begin{pmatrix}a_{11}+b_{11}&a_{12}+b_{12}&a_{13}+b_{13}\\a_{21}+b_{21}&a_{22}+b_{22}&a_{23}+b_{23}\\a_{31}+b_{31}&a_{32}+b_{32}&a_{33}+b_{33}\end{pmatrix}$$

이고 A에 대한 실수 α의 곱 αA는

$$\alpha A=(\alpha a_{ij})_{3\times 3}=\begin{pmatrix}\alpha a_{11}&\alpha a_{12}&\alpha a_{13}\\\alpha a_{21}&\alpha a_{22}&\alpha a_{23}\\\alpha a_{31}&\alpha a_{32}&\alpha a_{33}\end{pmatrix}$$

이다.

【정리 1】 행렬의 덧셈과 스칼라 곱에 대한 성질

$m \times n$ 행렬 A, B, C, O와 스칼라 α, β 대하여 다음이 성립한다.

(1) $A+B=B+A$

(2) $(A+B)+C=A+(B+C)$

(3) $A+O=O+A$인 O가 존재한다.

(4) $A+(-A)=O$을 만족하는 $-A$가 존재한다.

(5) $\alpha(A+B)=\alpha A+\alpha B$

(6) $(\alpha+\beta)A=\alpha A+\beta A$

(7) $(\alpha\beta)A=\alpha(\beta A)$

(8) $1A=A$

예제 2

두 행렬 $A=\begin{pmatrix} 7 & -2 \\ 1 & 0 \end{pmatrix}$와 $B=\begin{pmatrix} 1 & 0 \\ 3 & -2 \end{pmatrix}$에 대하여 행렬 $A-2B$를 구하여라.

〖풀이〗

$A-2B=\begin{pmatrix} 7 & -2 \\ 1 & 0 \end{pmatrix}+(-2)\begin{pmatrix} 1 & 0 \\ 3 & -2 \end{pmatrix}=\begin{pmatrix} 7-2 & -2+0 \\ 1-6 & 0+4 \end{pmatrix}=\begin{pmatrix} 5 & -2 \\ -5 & 4 \end{pmatrix}$ 이다.

행렬의 덧셈은 행렬의 모양이 같아야 하지만 행렬의 곱셈은 곱해지는 행렬 중 앞 행렬의 열의 개수와 뒤 행렬의 행의 개수가 같아야 정의된다. 그리고 행렬의 곱셈의 가장 큰 특징은 교환법칙이 성립되지 않는다는 것이다. 이 성질 때문에 실수에서 성립하는 성질이 행렬에서는 성립하지 않는 경우가 많고 특히 행렬의 곱에서는 영행렬이 아닌 두 행렬을 곱하여 영행렬이 나오는 특이한 성질을 가지고 있다. 행렬의 곱셈을 정의하고 그 성질을 알아보자.

〖정의 4〗 행렬의 곱셈

두 행렬 $A=(a_{ij})_{m\times n}$, $B=(b_{ij})_{n\times p}$ 의 곱 AB는

$$AB=(c_{ij})_{m\times p}\,,\ c_{ij}=\sum_{k=1}^{n} a_{ik}b_{kj}$$

이다.

두 행렬 $A=\begin{pmatrix} a_{11} & a_{12} & a_{13} \\ a_{21} & a_{22} & a_{23} \\ a_{31} & a_{32} & a_{33} \end{pmatrix}$, $B=\begin{pmatrix} b_{11} & b_{12} & b_{13} \\ b_{21} & b_{22} & b_{23} \\ b_{31} & b_{32} & b_{33} \end{pmatrix}$ 가 3×3행렬일 때, A와 B의 곱 AB는

$$AB=(c_{ij})_{3\times 3}=\begin{pmatrix} a_{11} & a_{12} & a_{13} \\ a_{21} & a_{22} & a_{23} \\ a_{31} & a_{32} & a_{33} \end{pmatrix}\begin{pmatrix} b_{11} & b_{12} & b_{13} \\ b_{21} & b_{22} & b_{23} \\ b_{31} & b_{32} & b_{33} \end{pmatrix}$$

$$=\begin{pmatrix} a_{11}b_{11}+a_{12}b_{21}+a_{13}b_{31} & a_{11}b_{12}+a_{12}b_{22}+a_{13}b_{32} & a_{11}b_{13}+a_{12}b_{23}+a_{13}b_{33} \\ a_{21}b_{11}+a_{22}b_{21}+a_{23}b_{31} & a_{21}b_{12}+a_{22}b_{22}+a_{23}b_{32} & a_{21}b_{13}+a_{22}b_{23}+a_{23}b_{33} \\ a_{31}b_{11}+a_{32}b_{21}+a_{33}b_{31} & a_{31}b_{12}+a_{32}b_{22}+a_{33}b_{32} & a_{31}b_{13}+a_{32}b_{23}+a_{33}b_{33} \end{pmatrix}$$

이다.

NOTE

행렬 AB의 i행, j열의 성분 c_{ij}는 행렬 A의 i행과 행렬 B의 j열의 내적이다.

예제 3

행렬 $A=\begin{pmatrix} -1 & 2 & 1 \\ 2 & 0 & 3 \end{pmatrix}$와 행렬 $B=\begin{pmatrix} 1 & 0 \\ 3 & -2 \\ 1 & 5 \end{pmatrix}$에 대하여 행렬 AB와 행렬 BA구하여라.

〖풀이〗

$$AB=\begin{pmatrix} -1 & 2 & 1 \\ 2 & 0 & 3 \end{pmatrix}\begin{pmatrix} 1 & 0 \\ 3 & -2 \\ 1 & 5 \end{pmatrix}=\begin{pmatrix} 6 & 1 \\ 5 & 15 \end{pmatrix}$$ 이고

$$BA=\begin{pmatrix} 1 & 0 \\ 3 & -2 \\ 1 & 5 \end{pmatrix}\begin{pmatrix} -1 & 2 & 1 \\ 2 & 0 & 3 \end{pmatrix}=\begin{pmatrix} -1 & 2 & 1 \\ -7 & 6 & -3 \\ 9 & 2 & 16 \end{pmatrix}$$이다.

NOTE

위의 예제에서 행렬의 곱셈은 교환법칙이 성립되지 않음을 알 수 있다. 이와 같은 성질로 인해 일반적으로 $(A+B)^2 \neq A^2+2AB+B^2$ 이다.

예제 4

행렬 $A=\begin{pmatrix} 1 & 0 \\ 0 & 0 \end{pmatrix}$와 행렬 $B=\begin{pmatrix} 0 & 0 \\ 3 & 4 \end{pmatrix}$에 대하여 행렬 AB을 구하여라.

〖 풀이 〗

$AB = \begin{pmatrix} 1 & 0 \\ 0 & 0 \end{pmatrix}\begin{pmatrix} 0 & 0 \\ 3 & 4 \end{pmatrix} = \begin{pmatrix} 0 & 0 \\ 0 & 0 \end{pmatrix}$이다.

NOTE

위의 예제에서 두 행렬은 모두 영행렬이 아니지만 곱해서는 영행렬이 된다. 이와 같은 성질을 **행렬의 영인자**(zero factor of matrix)라고 한다.

행렬의 곱셈에 대한 다양한 성질을 살펴보자.

【정리 2】 행렬의 곱셈에 대한 성질

행렬의 곱셈이 정의되는 A, B, C, O와 스칼라 α에 대하여 다음이 성립한다.

(1) $AB \neq BA$

(2) $(AB)C = A(BC)$

(3) $A(B+C) = AB + AC$

(4) $(A+B)C = AC + BC$

(5) $\alpha(AB) = (\alpha A)B = A(\alpha B)$

(6) $OA = AO = O$

(7) 행렬 A가 $m \times n$일 때, $I_m A = A I_n = A$

NOTE

❶ 행과 열이 같은 부분의 성분은 1이고 행과 열이 다른 부분의 성분은 0인 n개의 행과 n개의 열의 개수가 같은 정사각행렬을 단위행렬 I_n라 한다. 단위행렬 $I_2 = \begin{pmatrix} 1 & 0 \\ 0 & 1 \end{pmatrix}$, $I_3 = \begin{pmatrix} 1 & 0 & 0 \\ 0 & 1 & 0 \\ 0 & 0 & 1 \end{pmatrix}$으로 표현한다.

❷ 행렬 A의 행의 개수와 열의 개수가 같은 행렬 A를 정사각행렬(square matrix)이라 한다. n차 정사각행렬은 다음과 같다.

$$A = \begin{pmatrix} a_{11} & a_{12} & \cdots & a_{1n} \\ a_{21} & a_{22} & \cdots & a_{2n} \\ \vdots & \vdots & & \vdots \\ a_{n1} & a_{n2} & \cdots & a_{nn} \end{pmatrix}_{n \times n}$$

예제 5

행렬 $A=\begin{pmatrix}-2 & -3\\ 1 & 1\end{pmatrix}$ 일 때 A^{17}을 구하여라.

〖 풀이 〗

$$A^2=\begin{pmatrix}-2 & -3\\ 1 & 1\end{pmatrix}\begin{pmatrix}-2 & -3\\ 1 & 1\end{pmatrix}=\begin{pmatrix}1 & 3\\ -1 & -2\end{pmatrix},$$

$$A^3=A^2A=\begin{pmatrix}1 & 3\\ -1 & -2\end{pmatrix}\begin{pmatrix}-2 & -3\\ 1 & 1\end{pmatrix}=\begin{pmatrix}1 & 0\\ 0 & 1\end{pmatrix}=I_2$$

이므로

$$A^{17}=(A^3)^5A^2=A^2=\begin{pmatrix}1 & 3\\ -1 & -2\end{pmatrix}$$

이다.

행렬은 모양에 따라 여러 가지 종류가 있다. 다양한 행렬을 살펴보자.

〖 정의 5 〗 여러 가지 행렬

(1) $m\times n$ 행렬 A의 행과 열의 순서를 바꾼 행렬을 A의 **전치행렬**(transpose matrix)이라 하고 다음과 같이 표시한다.

$$A^T=\begin{pmatrix}a_{11} & a_{21} & \cdots & a_{n1}\\ a_{12} & a_{22} & \cdots & a_{n2}\\ \vdots & \vdots & & \vdots\\ a_{1m} & a_{2m} & \cdots & a_{nm}\end{pmatrix}_{n\times m}$$

(2) A의 대각성분(diagonal elements) $a_{11}, a_{22}, \cdots, a_{nn}$이외의 모든 원소가 0인 행렬인 정사각형 행렬을 **대각행렬**(diagonal matrix)이라 한다.

$$A=\begin{pmatrix}a_{11} & 0 & \cdots & 0\\ 0 & a_{22} & \cdots & 0\\ \vdots & \vdots & & \vdots\\ 0 & 0 & \cdots & a_{nn}\end{pmatrix}_{n\times n}$$

(3) $n\times n$ 행렬 A, B에 대하여 $AB=BA=I_n$가 성립하는 행렬 $B=A^{-1}$를 행렬 A의 **역행렬**(inverse matrix)이라 한다.

$A=\begin{pmatrix} a & b \\ c & d \end{pmatrix}$일 때, $ad-bc \neq 0$인 경우에 행렬 A의 역행렬은

$$A^{-1}=\frac{1}{ad-bc}\begin{pmatrix} d & -b \\ -c & a \end{pmatrix}$$

이고 $ad-bc=0$인 경우에 행렬 A의 역행렬이 존재하지 않는다.

NOTE

$n \times n$ 행렬 A, B에 대하여 $AB=BA=I_n$을 만족하면, A는 **가역**(invertible)행렬이라 한다.

예제 6

다음 행렬의 역행렬을 구하여라.

(1) $A=\begin{pmatrix} 6 & 2 \\ 1 & 3 \end{pmatrix}$　　　　(2) $A=\begin{pmatrix} -6 & 2 \\ -9 & 3 \end{pmatrix}$

〖 풀이 〗

(1) 행렬 $A=\begin{pmatrix} 6 & 2 \\ 1 & 3 \end{pmatrix}$ 의 $ad-bc=18-2=16 \neq 0$이므로 역행렬이 존재하고

$$A^{-1}=\frac{1}{16}\begin{pmatrix} 3 & -2 \\ -1 & 6 \end{pmatrix}$$

이다.

(2) 행렬 $A=\begin{pmatrix} -6 & 2 \\ -9 & 3 \end{pmatrix}$ 의 $ad-bc=-18+18=0$이므로 역행렬이 존재하지 않는다.

연습문제 4.2

1. 다음 행렬의 덧셈과 곱셈을 구하여라.

(1) $-3\begin{pmatrix} 1 & 2 & 1 \\ 3 & 1 & -1 \end{pmatrix}$

(2) $\begin{pmatrix} 1 & 2 \\ 3 & 4 \end{pmatrix} + \begin{pmatrix} 1 \\ 3 \end{pmatrix}$

(3) $\begin{pmatrix} 2 & 3 \\ 0 & -2 \\ 0 & 1 \end{pmatrix}\begin{pmatrix} 1 & -2 & 9 \\ 0 & 0 & -4 \end{pmatrix}$

(4) $\begin{pmatrix} 1 & -2 & 9 \\ 0 & 1 & -3 \end{pmatrix}\begin{pmatrix} 1 & 3 \\ 0 & -2 \\ 1 & 0 \end{pmatrix}$

2. $A=\begin{pmatrix} 1 & 3 \\ 2 & -1 \\ -4 & 0 \end{pmatrix}$, $B=\begin{pmatrix} 4 & -5 \\ 0 & 2 \\ -1 & 1 \end{pmatrix}$, $C=\begin{pmatrix} 2 & 4 & 0 \\ 0 & 1 & 1 \end{pmatrix}$일 때, 다음의 값을 구하여라.

(1) $A-3C^T$

(2) $(AB)C^T$

3. $A=\begin{pmatrix} 3 \\ 1 \\ -7 \end{pmatrix}$, $B=(2\ \ 0\ \ -5)$에 대하여, $2AA^T$와 BB^T를 구하여라.

4. $A=\begin{pmatrix} 1 & a+b & 3 \\ 2 & 5 & b+c \\ a+c & 7 & 6 \end{pmatrix}$가 대칭행렬일 때, a,b,c를 구하여라.

(단, 대칭행렬은 $a_{ij}=a_{ji}$인 행렬이다.)

5. $A=\begin{pmatrix} -2 & -3 \\ 1 & 1 \end{pmatrix}$일 때, A^{10}을 구하여라.

4.3 행렬식과 응용

행렬식

함수 $f(x) = \sin x$와 같이 실변수 x에 실수 $f(x)$를 대응시키는 것을 실변수 함수라고 한다.

행렬식 또는 행렬식 함수는 행렬 변수 A에 실수를 대응시키는 함수이다.

행렬식에 관한 연구는 연립방정식 해법에 중요하게 적용되며 역행렬을 구하는 유용한 공식을 제공한다. 또한 행렬식은 선형대수학, 미적분학, 물리학 등 다양한 수학 및 과학 분야에서 널리 사용되는 중요하고 기본적인 개념이다.

〚정의 1〛 2×2 행렬의 행렬식

2×2 행렬 $A = \begin{pmatrix} a_{11} & a_{12} \\ a_{21} & a_{22} \end{pmatrix}$의 **행렬식** $\det(A)$는

$$\det(A) = |A| = \begin{vmatrix} a_{11} & a_{12} \\ a_{21} & a_{22} \end{vmatrix} = a_{11}a_{22} - a_{12}a_{21}$$

으로 정의한다.

예제 1

행렬 $A = \begin{pmatrix} 5 & -2 \\ 3 & 1 \end{pmatrix}$ 의 행렬식을 구하여라.

〘풀이〙

$\det(A) = (5)(1) - (-2)(3) = 11$이다.

모든 차수의 정사각행렬에 적용되는 행렬식 공식을 얻기 위해서는 다음과 같은 정의가 필요하다.

〖 정의 2 〗 소행렬식과 여인수

(1) A가 정사각행렬일 때, 원소 a_{ij}의 **소행렬식**(minor matrix)는 기호 M_{ij}로 표현하고 행렬 A의 i번째 행과 j번째 열을 제거하여 만든 부분 행렬식으로 정의한다.

(2) 원소 a_{ii}의 **여인수**(cofactor)

$$C_{ij}=(-1)^{i+j}M_{ij}$$

으로 정의한다.

예제 2

행렬 $A=\begin{pmatrix}1&-2&3\\0&0&2\\3&1&0\end{pmatrix}$ 의 소행렬식 M_{11}과 여인수 C_{32}를 구하여라.

〔 풀이 〕

$M_{11}=\begin{vmatrix}0&2\\1&0\end{vmatrix}=-2,\ C_{32}=(-1)^{3+2}M_{32}=-\begin{vmatrix}1&3\\0&2\end{vmatrix}=-2$ 이다.

NOTE

여인수를 이용하여 $A=\begin{pmatrix}a_{11}&a_{12}\\a_{21}&a_{22}\end{pmatrix}$의 행렬식 $\det(A)$를 구해보면

$$\det(A)=\begin{vmatrix}a_{11}&a_{12}\\a_{21}&a_{22}\end{vmatrix}=a_{11}C_{11}+a_{12}C_{12}=a_{21}C_{21}+a_{22}C_{22}=a_{11}C_{11}+a_{21}C_{21}=a_{12}C_{12}+a_{22}C_{22}$$

이다.

2×2 행렬 A뿐만 아니라 $n\times n$ 행렬 A의 어떤 행 또는 열을 선택하든 선택된 행 또는 열에 있는 각 원소와 대응하는 여인수의 곱을 모두 더하여 얻는 값은 항상 같다. 이와 같은 사실로 다음과 같은 정의를 얻을 수 있다.

〖 정의 3 〗 행렬식의 여인수 전개

A가 $n\times n$ 행렬 일 때, A의 임의의 한 행 또는 한 열에 있는 각 원소와 대응하는 여인수의 곱을 모두 합하여 얻은 수를 A의 행렬식이라고 하고 이때 그 합을 A의 여인수 전개(cofactor expansions of A)라고 한다.

$$\det(A)=a_{i1}C_{i1}+a_{i2}C_{i2}+\cdots+a_{in}C_{in} \quad (\text{제 } i\text{행에 의한 여인수 전개})$$

$$\det(A)=a_{1j}C_{1j}+a_{2j}C_{2j}+\cdots+a_{nj}C_{nj} \quad (\text{제 } j\text{열에 의한 여인수 전개})$$

행렬식을 구할 때는 0이 가장 많이 포함되어 있는 행이나 열을 선택하여 여인수 전개를 하는 것이 가장 좋다.

예제 3

여인수 전개를 이용하여 행렬 $A=\begin{pmatrix}1 & -1 & 3\\ 1 & 0 & 1\\ 0 & 1 & 0\end{pmatrix}$의 행렬식을 구하여라.

〖 풀이 〗

3행을 선택하여 행렬식을 구해보면

$$\det(A)=0(-1)^{3+1}\begin{vmatrix}-1 & 3\\ 0 & 1\end{vmatrix}+1(-1)^{3+2}\begin{vmatrix}1 & 3\\ 1 & 1\end{vmatrix}+0(-1)^{3+3}\begin{vmatrix}1 & -1\\ 1 & 0\end{vmatrix}=-\begin{vmatrix}1 & 3\\ 1 & 1\end{vmatrix}=2$$

이다.

【 정리 1 】 사루스(Sarrus) 법칙

2×2 행렬과 3×3 행렬의 행렬식은 오른쪽 대각선 방향에 있는 원소들의 곱에서 왼쪽 대각선 방향에 있는 원소들의 곱의 차로 구할 수 있다.

$$\begin{vmatrix}a_{11} & a_{12}\\ a_{21} & a_{22}\end{vmatrix}=a_{11}a_{22}-a_{12}a_{21}$$

$$\begin{vmatrix} a_{11} & a_{12} & a_{13} \\ a_{21} & a_{22} & a_{23} \\ a_{31} & a_{32} & a_{33} \end{vmatrix} = a_{11}a_{22}a_{33} + a_{12}a_{23}a_{31} + a_{13}a_{21}a_{32} - a_{13}a_{22}a_{31} - a_{12}a_{21}a_{33} - a_{11}a_{23}a_{32}$$

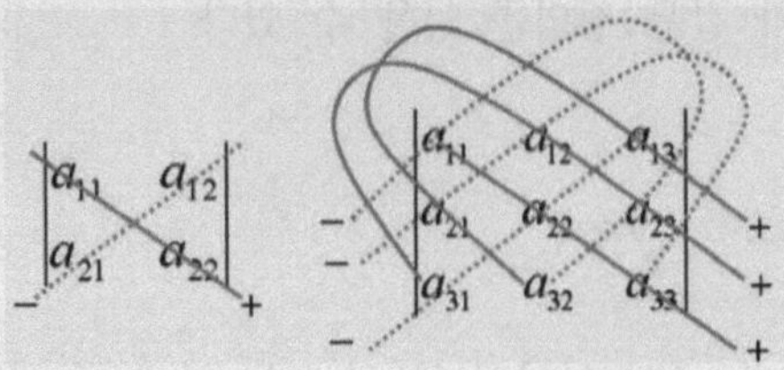

사루스 법칙은 2×2 또는 3×3 행렬의 행렬식을 계산하는 유용한 방법이다. 그러나 사루스 법칙은 2×2 또는 3×3 행렬의 행렬식을 구할 때만 사용될 수 있음을 명심해야 한다. 4×4 행렬 이상의 행렬식을 구할 때는 사루스 법칙을 적용할 수 없다.

예제 4

사루스 법칙을 이용하여 행렬 $A = \begin{pmatrix} 1 & 1 & 2 \\ 1 & -1 & 1 \\ 1 & 3 & 1 \end{pmatrix}$의 행렬식을 구하여라.

〖풀이〗

$\det(A) = \begin{vmatrix} 1 & 1 & 2 \\ 1 & -1 & 1 \\ 1 & 3 & 1 \end{vmatrix} = (-1+1+6) - (-2+1+3) = 4$이다.

행렬식은 다음과 같은 여러 가지 성질들이 있다.

【정리 2】 행렬식의 성질

A, B가 $n \times n$ 행렬일 때

(1) $\det(AB) = \det(A)\det(B)$

(2) $\det(kA) = k^n \det(A)$ (단, k는 상수)

(3) $\det(A^T) = \det(A)$

(4) A가 역행렬이 존재하면, $\det(A^{-1}) = \dfrac{1}{\det(A)}$이다.

예제 5

$\det(A)=|A|=5$인 3×3 행렬 A에 대하여 다음 행렬식을 구하여라.

(1) $|A^T|$　　(2) $|A^{-1}|$　　(3) $|2A|$

〖 풀이 〗

(1) $|A^T|=|A|=5$　　(2) $|A^{-1}|=\dfrac{1}{|A|}=\dfrac{1}{5}$　　(3) $|2A|=2^3|A|=40$

행렬식의 응용

행렬식을 이용하여 연립방정식을 푸는 방법인 크라머(Cramer) 법칙을 소개하자. 크라머 법칙은 연립방정식의 해 중에서 원하는 해만을 구할 수 있는 장점을 가지고 있다.

【정리 3】 크라머 법칙

$A\mathrm{x}=\mathrm{b}$가 n개의 미지수와 n개의 일차방정식으로 이루어진 연립일차방정식이고 $\det(A)\neq 0$이면 연립방정식은 유일한 해를 가지고 해는

$$x_j=\frac{\det(A_j)}{\det(A)}=\frac{|A_j|}{|A|}$$

이다. 여기서 A_j는 A의 j번째 열의 성분을 b로 대체하여 얻은 행렬이다.

NOTE

연립일차방정식 $\begin{cases} ax_1+bx_2=\alpha \\ cx_1+dx_2=\beta \end{cases}$은 $\begin{pmatrix} a & b \\ c & d \end{pmatrix}\begin{pmatrix} x_1 \\ x_2 \end{pmatrix}=\begin{pmatrix} \alpha \\ \beta \end{pmatrix}$ $\Rightarrow$ $A\mathrm{x}=\mathrm{b}$로 표현된다. 여기서

$A=\begin{pmatrix} a & b \\ c & d \end{pmatrix}$, $x=\begin{pmatrix} x_1 \\ x_2 \end{pmatrix}$, $b=\begin{pmatrix} \alpha \\ \beta \end{pmatrix}$이다.

예제 6

크라머 법칙을 이용하여 다음 연립일차방정식의 해를 구하여라.

$$\begin{cases} x_1 + 2x_3 = 1 \\ -3x_1 + 4x_2 + 6x_3 = 1 \\ -x_1 - 2x_2 + 3x_3 = 2 \end{cases}$$

〖풀이〗

$A = \begin{pmatrix} 1 & 0 & 2 \\ -3 & 4 & 6 \\ -1 & -2 & 3 \end{pmatrix}$이므로 $\det(A) = \begin{vmatrix} 1 & 0 & 2 \\ -3 & 4 & 6 \\ -1 & -2 & 3 \end{vmatrix} = 44$이고

$A_1 = \begin{pmatrix} 1 & 0 & 2 \\ 1 & 4 & 6 \\ 2 & -2 & 3 \end{pmatrix}$이므로 $\det(A_1) = \begin{vmatrix} 1 & 0 & 2 \\ 1 & 4 & 6 \\ 2 & -2 & 3 \end{vmatrix} = 4$이고

$A_2 = \begin{pmatrix} 1 & 1 & 2 \\ -3 & 1 & 6 \\ -1 & 2 & 3 \end{pmatrix}$이므로 $\det(A_2) = \begin{vmatrix} 1 & 1 & 2 \\ -3 & 1 & 6 \\ -1 & 2 & 3 \end{vmatrix} = -16$이고

$A_3 = \begin{pmatrix} 1 & 0 & 1 \\ -3 & 4 & 1 \\ -1 & -2 & 2 \end{pmatrix}$이므로 $\det(A_3) = \begin{vmatrix} 1 & 0 & 1 \\ -3 & 4 & 1 \\ -1 & -2 & 2 \end{vmatrix} = 20$이다.

따라서 크라머 법칙에 의하여

$$x_1 = \frac{\det(A_1)}{\det(A)} = \frac{4}{44} = \frac{1}{11},\ x_2 = \frac{\det(A_2)}{\det(A)} = -\frac{16}{44} = -\frac{4}{11},$$

$$x_3 = \frac{\det(A_3)}{\det(A)} = \frac{20}{44} = \frac{5}{11}$$

이다.

연습문제 4.3

1. $A = \begin{pmatrix} a & b \\ c & d \end{pmatrix}$의 행렬식이 $|A| = 3$일 때 다음을 구하여라.

(1) $\begin{vmatrix} a & b \\ -3c & -3d \end{vmatrix}$

(2) $\begin{vmatrix} a-3c & b-3c \\ c & d \end{vmatrix}$

(3) $\begin{vmatrix} c & d \\ a & b \end{vmatrix}$

(4) $\begin{vmatrix} 2c & 2d \\ 2a & 2b \end{vmatrix}$

2. $|A| = -3$, $|B| = 5$인 2×2 행렬일 때 다음을 구하여라.

(1) $|AB|$

(2) $|BAB^{-1}|$

3. 다음 행렬의 행렬식을 구하여라.

(1) $\begin{pmatrix} 1 & 5 & 1 \\ 2 & 6 & 1 \\ 1 & 9 & 3 \end{pmatrix}$

(2) $\begin{pmatrix} 1 & 2 & 1 \\ 2 & 2 & 1 \\ 1 & 2 & 3 \end{pmatrix}$

4. 크라머 법칙을 이용하여 다음 연립방정식의 해를 구하여라.

$$\begin{cases} x_1 - 4x_2 + x_3 = 6 \\ 4x_1 - x_2 + 2x_3 = -1 \\ 2x_1 + 2x_2 - 3x_3 = -20 \end{cases}$$

4.4 고윳값, 고유벡터와 응용

고윳값과 고유벡터

A가 $n \times n$ 행렬이고 $\mathbf{x}$가 R^n의 벡터일 때 보통 벡터 $\mathbf{x}$와 벡터 $A\mathbf{x}$ 사이의 일반적인 기하학적 관계가 존재하지 않는다. 그러나 벡터 $\mathbf{x}$와 벡터 $A\mathbf{x}$가 서로의 스칼라 배가 되는 영이 아닌 어떤 벡터가 존재하는 경우가 있다.

이와 같은 벡터는 선형변환의 해석에서 중요한 역할을 하게 되고 진동, 전기계, 유동학, 화학반응, 경제학 기하학 등의 연구에서 나타난다. 이 절에서는 이러한 벡터를 구하는 방법을 살펴보자.

〖정의 1〗 고윳값과 고유벡터

A가 $n \times n$ 행렬일 때 R^n에 속하는 영이 아닌 벡터 $\mathbf{x}$와 어떤 스칼라 λ에 대해

$$A\mathbf{x} = \lambda \mathbf{x}$$

이면 스칼라 λ를 A의 **고윳값**(eigenvalue of A)라 하며 $\mathbf{x}$를 λ에 대응하는 **고유벡터**(eigenvector corresponding to λ)라고 한다.

예제 1

벡터 $\mathbf{x} = \begin{pmatrix} 1 \\ 1 \end{pmatrix}$은 고윳값 $\lambda = 4$에 대응되는 행렬 $A = \begin{pmatrix} 3 & 1 \\ -3 & 7 \end{pmatrix}$의 고유벡터임을 보여라.

〖풀이〗

$A\mathbf{x} = \begin{pmatrix} 3 & 1 \\ -3 & 7 \end{pmatrix}\begin{pmatrix} 1 \\ 1 \end{pmatrix} = \begin{pmatrix} 4 \\ 4 \end{pmatrix} = 4\mathbf{x}$ 이므로 벡터 $\mathbf{x} = \begin{pmatrix} 1 \\ 1 \end{pmatrix}$은 고윳값 $\lambda = 4$에 대응되는 행렬 $A = \begin{pmatrix} 3 & 1 \\ -3 & 7 \end{pmatrix}$의 고유벡터이다.

NOTE

기하학적으로 $A\mathbf{x}$의 의미는 벡터 $\mathbf{x}$를 4배만큼 늘린다는 의미이다.

$n \times n$ 행렬 A의 고윳값과 고유벡터를 구하는 일반적인 방법을 살펴보자.

$n \times n$ 행렬 A의 고윳값 λ을 구해보면

$$A\mathbf{x} = \lambda\mathbf{x} \Rightarrow A\mathbf{x} = \lambda I\mathbf{x}$$

이고 이것은 방정식

$$(A - \lambda I)\mathbf{x} = 0$$

로 쓸 수 있다. λ가 A의 고윳값이기 위해서는 이 방정식이 영이 아닌 해 $\mathbf{x}$를 가져야 한다. 이 방정식이 영이 아닌 해를 갖기 위한 필요충분조건은

$$\det(A - \lambda I) = 0$$

이다. 그러므로 다음과 같은 결론을 얻을 수 있다.

NOTE

방정식 $\det(A - \lambda I) = 0$을 **특성방정식**(characteristic equation)이라 한다.

【정리 1】 고윳값과 고유벡터 구하기

(1) 특성방정식 $\det(A - \lambda I) = 0$을 만족하는 λ을 구한다.

(2) (1)에서 구한 λ에 대하여 $(A - \lambda I)\mathbf{x} = 0$을 만족하는 영이 아닌 해 $\mathbf{x}$을 구한다.

예제 2

행렬 $A = \begin{pmatrix} 1 & 1 \\ 4 & 1 \end{pmatrix}$의 고윳값과 고유벡터를 구하여라.

〖풀이〗

특성방정식

$$\det(A - \lambda I) = \begin{vmatrix} 1-\lambda & 1 \\ 4 & 1-\lambda \end{vmatrix} = \lambda^2 - 2\lambda - 3 = (\lambda - 3)(\lambda + 1) = 0$$

에서 $\lambda = 3$, $\lambda = -1$이므로 A의 고윳값은 3, -1이다.

1) 고윳값 $\lambda = 3$에 대한 고유벡터:

$$(A - 3I)\mathbf{x} = \begin{pmatrix} -2 & 1 \\ 4 & -2 \end{pmatrix}\begin{pmatrix} x_1 \\ x_2 \end{pmatrix} = \begin{pmatrix} 0 \\ 0 \end{pmatrix}$$

이므로 연립일차방정식 $(A - 3I)\mathbf{x} = 0$의 해는 $\mathbf{x} = \alpha\begin{pmatrix} 1 \\ 2 \end{pmatrix}$ (α는 임의의 상수)이다.

따라서, 고윳값 3에 대한 A 의 고유벡터는

$$\mathbf{x} = \alpha \begin{pmatrix} 1 \\ 2 \end{pmatrix}, \ \alpha \text{ 는 } 0 \text{ 이 아닌 임의의 상수}$$

이다.

2) 고윳값 $\lambda = -1$에 대한 고유벡터:

$$(A+I)\mathbf{x} = \begin{pmatrix} 2 & 1 \\ 4 & 2 \end{pmatrix} \begin{pmatrix} x_1 \\ x_2 \end{pmatrix} = \begin{pmatrix} 0 \\ 0 \end{pmatrix}$$

이므로 연립일차방정식 $(A+I)\mathbf{x} = \mathbf{0}$ 의 해는 $\mathbf{x} = \alpha \begin{pmatrix} 1 \\ -2 \end{pmatrix}$ (α 는 임의의 상수)이다.

따라서, 고윳값 -1에 대한 A 의 고유벡터는

$$\mathbf{x} = \alpha \begin{pmatrix} 1 \\ -2 \end{pmatrix}, \ \alpha \text{ 는 } 0 \text{ 이 아닌 임의의 상수}$$

이다.

예제 3

행렬 $A = \begin{pmatrix} 3 & 2 \\ 3 & -2 \end{pmatrix}$의 고윳값과 고유벡터를 구하여라.

【 풀이 】

특성방정식

$$\det(A - \lambda I) = \begin{vmatrix} 3-\lambda & 2 \\ 3 & -2-\lambda \end{vmatrix} = \lambda^2 - \lambda - 12 = (\lambda - 4)(\lambda + 3) = 0$$

에서 $\lambda = 4$, $\lambda = -3$ 이므로 A 의 고윳값은 4, -3 이다.

1) 고윳값 $\lambda = 4$에 대한 고유벡터:

$$(A - 4I)\mathbf{x} = \begin{pmatrix} -1 & 2 \\ 3 & -6 \end{pmatrix} \begin{pmatrix} x_1 \\ x_2 \end{pmatrix} = \begin{pmatrix} 0 \\ 0 \end{pmatrix}$$

이므로 연립일차방정식 $(A-4I)\mathbf{x} = \mathbf{0}$ 의 해는 $\mathbf{x} = \alpha \begin{pmatrix} 2 \\ 1 \end{pmatrix}$ (α 는 임의의 상수)이다.

따라서, 고유값 4에 대한 A 의 고유벡터는

$$\mathbf{x} = \alpha \begin{pmatrix} 2 \\ 1 \end{pmatrix}, \ \alpha \text{ 는 } 0 \text{ 이 아닌 임의의 상수}$$

이다.

2) 고윳값 $\lambda = -3$ 에 대한 고유벡터:

1)에서와 같은 방법으로 연립일차방정식 $(A+3I)\mathbf{x} = \mathbf{0}$ 의 해는 $\mathbf{x} = \alpha \begin{pmatrix} -1 \\ 3 \end{pmatrix}$ (α 는

임의의 상수)이다. 따라서, 고윳값 -3 에 대한 A 의 고유벡터는

$$\mathbf{x} = \alpha \begin{pmatrix} -1 \\ 3 \end{pmatrix},\ \alpha \text{ 는 } 0 \text{ 이 아닌 임의의 상수}$$

이다.

예제 4

행렬 $A = \begin{pmatrix} 1 & 0 \\ 0 & 1 \end{pmatrix}$의 고윳값과 고유벡터를 구하여라.

〖 풀이 〗

특성방정식

$$\det(A - \lambda I) = \begin{vmatrix} 1-\lambda & 0 \\ 0 & 1-\lambda \end{vmatrix} = (1-\lambda)^2 = 0$$

이므로 $\lambda = 1$은 유일한 고윳값이다. $\lambda = -1$일 때 대응하는 고유벡터를 구해보면 $\begin{pmatrix} 0 & 0 \\ 0 & 0 \end{pmatrix}\begin{pmatrix} x_1 \\ x_2 \end{pmatrix} = \begin{pmatrix} 0 \\ 0 \end{pmatrix}$이고 $0x_1 + 0x_2 = 0$이므로 고유벡터는

$$\mathbf{x} = \begin{pmatrix} \alpha \\ \beta \end{pmatrix} = \alpha \begin{pmatrix} 1 \\ 0 \end{pmatrix} + \beta \begin{pmatrix} 0 \\ 1 \end{pmatrix},\ \alpha, \beta \text{는 } 0 \text{ 이 아닌 임의의 상수}$$

이다.

예제 5

행렬 $A = \begin{pmatrix} 3 & -4 \\ 1 & -1 \end{pmatrix}$의 고윳값과 고유벡터를 구하여라.

〖 풀이 〗

특성방정식

$$\det(A - \lambda I) = \begin{vmatrix} 3-\lambda & -4 \\ 1 & -1-\lambda \end{vmatrix} = \lambda^2 - 2\lambda + 1 = (\lambda - 1)^2 = 0$$

이므로 $\lambda = 1$은 유일한 고윳값이다.

$\lambda = -1$일 때 대응하는 고유벡터를 구해보면 $\begin{pmatrix} 2 & -4 \\ 1 & -2 \end{pmatrix}\begin{pmatrix} x_1 \\ x_2 \end{pmatrix} = \begin{pmatrix} 0 \\ 0 \end{pmatrix}$이므로 고유벡터는

$$\mathbf{x} = \alpha \begin{pmatrix} 2 \\ 1 \end{pmatrix},\ \alpha \text{ 는 } 0 \text{ 이 아닌 임의의 상수}$$

이다.

예제 6

행렬 $A=\begin{pmatrix} 0 & -1 \\ 1 & 0 \end{pmatrix}$ 의 고윳값과 고유벡터를 구하여라.

〖 풀이 〗

특성방정식

$$\det(A-\lambda I) = \begin{vmatrix} -\lambda & -1 \\ 1 & -\lambda \end{vmatrix} = \lambda^2 + 1 = 0$$

에서 $\lambda = \pm i$ 가 되어 스칼라의 범위를 실수로 한정하면 고윳값이 존재하지 않는다. 따라서, 고유벡터도 존재하지 않는다.

물론 스칼라의 범위를 복소수로 확대하면 $A=\begin{pmatrix} 0 & -1 \\ 1 & 0 \end{pmatrix}$ 는 복소 고윳값 i, $-i$ 를 갖는다.

고윳값 i 에 대한 고유벡터는 $\begin{pmatrix} i \\ 1 \end{pmatrix}$ 이고 고윳값 $-i$ 에 대한 고유벡터는 $\begin{pmatrix} -i \\ 1 \end{pmatrix}$ 이다.

행렬의 대각화

행렬을 대각화하는 것은 복잡한 행렬을 간단한 형태로 변환하여 문제를 해결하는데 도움이 된다. 행렬의 대각화는 공학, 물리학, 컴퓨터 과학 등에서 활용된다. 행렬의 대각화에는 고유벡터를 사용하여 변환하는 작업을 수행하여 선형 시스템의 안정성, 데이터 압축, 신호 처리, 머신 러닝 등에 핵심적으로 이용된다.

〖 정의 2 〗 행렬의 대각화

정사각행렬 A에 대하여 $P^{-1}AP$ 가 대각행렬이 되는 가역행렬 P가 존재하는 A를 대각화 가능 행렬 또는 대각화 가능이라고 한다.

행렬의 대각화 방법을 살펴보자.

【 정리 2 】 행렬의 대각화 방법

(1) 행렬 A의 n개의 일차독립인 고유벡터 $\boldsymbol{p}_1, \boldsymbol{p}_2, \cdots \boldsymbol{p}_n$를 구한다.

(2) 열벡터가 $\boldsymbol{p}_1, \boldsymbol{p}_2, \cdots \boldsymbol{p}_n$인 행렬 P를 구성한다.

(3) 행렬 $P^{-1}AP$은 대각선 성분이 $\lambda_1, \lambda_2, \cdots, \lambda_n$인 대각행렬 D가 된다.

(이때 $\boldsymbol{p}_i$는 λ_i $(i = 1, 2, \cdots, n)$에 대응되는 고유벡터이다.)

예제 7

행렬 $A = \begin{pmatrix} 1 & 0 \\ 6 & -1 \end{pmatrix}$를 대각화하는 행렬 P를 구하여라.

〖 풀이 〗

1단계 :

$$\begin{vmatrix} 1-\lambda & 0 \\ 6 & -1-\lambda \end{vmatrix} = \lambda^2 - 1 = (\lambda+1)(\lambda-1) = 0$$

이므로 고윳값은 $\lambda_1 = -1, \lambda_2 = 1$이다.

$\lambda_1 = -1$일 때 대응하는 고유벡터를 구해보면 $\begin{pmatrix} 2 & 0 \\ 6 & 0 \end{pmatrix}\begin{pmatrix} x_1 \\ x_2 \end{pmatrix} = \begin{pmatrix} 0 \\ 0 \end{pmatrix}$이므로 $\boldsymbol{p}_1 = \begin{pmatrix} 0 \\ 1 \end{pmatrix}$이다.

$\lambda_2 = 1$일 때 대응하는 고유벡터를 구해보면 $\begin{pmatrix} 0 & 0 \\ 6 & -2 \end{pmatrix}\begin{pmatrix} x_1 \\ x_2 \end{pmatrix} = \begin{pmatrix} 0 \\ 0 \end{pmatrix}$이므로 $\boldsymbol{p}_2 = \begin{pmatrix} 1 \\ 3 \end{pmatrix}$이다.

2단계 :

대각화하는 행렬은 $\boldsymbol{p}_1, \boldsymbol{p}_2$를 열벡터로 가지는 행렬

$$P = \begin{pmatrix} 0 & 1 \\ 1 & 3 \end{pmatrix}$$

을 얻는다.

3단계 :

P의 역행렬은 $P^{-1} = \begin{pmatrix} -3 & 1 \\ 1 & 0 \end{pmatrix}$이므로

$$P^{-1}AP = \begin{pmatrix} -3 & 1 \\ 1 & 0 \end{pmatrix}\begin{pmatrix} 1 & 0 \\ 6 & -1 \end{pmatrix}\begin{pmatrix} 0 & 1 \\ 1 & 3 \end{pmatrix} = \begin{pmatrix} -1 & 0 \\ 0 & 1 \end{pmatrix} = \begin{pmatrix} \lambda_1 & 0 \\ 0 & \lambda_2 \end{pmatrix} = D$$

임을 확인할 수 있다.

행렬의 대각화 응용

행렬의 대각화를 이용하여 행렬의 거듭제곱 값을 구하는 방법을 알아보자.

예제 8

행렬 $A=\begin{pmatrix}6 & -1\\ 2 & 3\end{pmatrix}$의 대각화를 이용하여 A^n(n:자연수)을 구하여라.

【 풀이 】

특성방정식

$$\begin{vmatrix}6-\lambda & -1\\ 2 & 3-\lambda\end{vmatrix}=(\lambda-4)(\lambda-5)=0$$

에 의해 고윳값은 $\lambda=4,5$이다.

$\lambda_1=4$에 대한 고유벡터는 $\mathbf{p}_1=\begin{pmatrix}1\\2\end{pmatrix}$이고 $\lambda_2=5$에 대한 고유벡터는 $\mathbf{p}_2=\begin{pmatrix}1\\1\end{pmatrix}$이다.

따라서 $P=\begin{pmatrix}1 & 1\\ 2 & 1\end{pmatrix}$, $P^{-1}=\begin{pmatrix}-1 & 1\\ 2 & -1\end{pmatrix}$, $D=\begin{pmatrix}4 & 0\\ 0 & 5\end{pmatrix}$이고 $P^{-1}AP=D$이므로

$$(P^{-1}AP)(P^{-1}AP)=D^2 \Rightarrow P^{-1}A^2P=D^2 \Rightarrow A^2=PD^2P^{-1}$$

이다. 따라서

$$A^n=PD^nP^{-1}=\begin{pmatrix}1 & 1\\ 2 & 1\end{pmatrix}\begin{pmatrix}4^n & 0\\ 0 & 5^n\end{pmatrix}\begin{pmatrix}-1 & 1\\ 2 & -1\end{pmatrix}=\begin{pmatrix}-4^n+2(5^n) & 4^n-5^n\\ (-2)4^n+2(5^n) & 2(4^n)-5^n\end{pmatrix}$$

이다.

미래 인구 예측

지역마다 특히 도시와 농촌 간 인구 문제가 심각하게 나타나고 있다. 고윳값과 고유벡터의 대각화를 이용하여 어떤 지역의 미래 인구를 예측할 수 있다. 이런 분석을 통하여 인구수 감소와 증가의 변화를 알고 그 대책을 준비할 수 있다. 다음 실제 문제를 통하여 미래 인구를 예측해 보자.

어떤 B 지역과 C 지역은 인접하고 있다. 매년 B 지역 인구의 10%가 C 지역으로 이주하고 C 지역 인구의 30%가 B 지역으로 이주한다. 현재 두 지역의 인구가 10만 명씩 있다고 가정하고 인구의 증감이나 또 다른 외부 인구의 유입이 없다고 가정하자. 충분히 많은 시간이 지났을 때 각 지역의 인구수를 예측해 보자.

먼저 n년 후 B, C 지역 인구를 각각 x_n, y_n 라 하면

$$\begin{cases} x_n = 0.9x_{n-1} + 0.3y_{n-1} \\ y_n = 0.1x_{n-1} + 0.7y_{n-1} \end{cases}$$

이고 행렬방정식은

$$\begin{pmatrix} x_n \\ y_n \end{pmatrix} = \begin{pmatrix} 0.9 & 0.3 \\ 0.1 & 0.7 \end{pmatrix} \begin{pmatrix} x_{n-1} \\ y_{n-1} \end{pmatrix}$$

이다.

$$\boldsymbol{p}_n = \begin{pmatrix} x_n \\ y_n \end{pmatrix}, \quad A = \begin{pmatrix} 0.9 & 0.3 \\ 0.1 & 0.7 \end{pmatrix}$$

라 두면 위의 식은

$$\boldsymbol{p}_n = A\boldsymbol{p}_{n-1} = A(A\boldsymbol{p}_{n-2}) = \cdots = A^n \boldsymbol{p}_0$$

로 나타낼 수 있다. 이때,

$$\boldsymbol{p}_0 = \begin{pmatrix} 100000 \\ 100000 \end{pmatrix}$$

는 현재의 인구수 분포를 나타낸다. 예를 들어, 1년 후 B지역과 C지역의 인구수는

$$\boldsymbol{p}_1 = A\boldsymbol{p}_0 = \begin{pmatrix} 0.9 & 0.3 \\ 0.1 & 0.7 \end{pmatrix} \begin{pmatrix} 100000 \\ 100000 \end{pmatrix} = \begin{pmatrix} 120000 \\ 80000 \end{pmatrix}$$

로 나타낼 수 있다. 즉, 1년 후에 B지역 인구수는 120000 명, C지역의 인구수는 8000 명이다. n년 후 B지역과 C지역의 인구수를 계산하기 위하여 행렬 A의 대각화를 이용하자. A의 고윳값은 0.6과 1이고 각 고윳값에 대한 A의 고유벡터

$$\boldsymbol{u}_1 = \begin{pmatrix} -1 \\ 1 \end{pmatrix}, \quad \boldsymbol{u}_2 = \begin{pmatrix} 3 \\ 1 \end{pmatrix}$$

이다.

$$P = \begin{pmatrix} -1 & 3 \\ 1 & 1 \end{pmatrix}, \quad D = \begin{pmatrix} 0.6 & 0 \\ 0 & 1 \end{pmatrix}$$

라 두면

$$A = PDP^{-1}$$

이다. 따라서

$$A^n = PD^nP^{-1} = \begin{pmatrix} -1 & 3 \\ 1 & 1 \end{pmatrix}\begin{pmatrix} 0.6^n & 0 \\ 0 & 1 \end{pmatrix}\frac{1}{4}\begin{pmatrix} -1 & 3 \\ 1 & 1 \end{pmatrix}$$

이고 n가 충분히 크면 $(0.6)^n \approx 0$이고

$$A^n \approx \begin{pmatrix} -1 & 3 \\ 1 & 1 \end{pmatrix}\begin{pmatrix} 0 & 0 \\ 0 & 1 \end{pmatrix}\frac{1}{4}\begin{pmatrix} -1 & 3 \\ 1 & 1 \end{pmatrix} = \frac{1}{4}\begin{pmatrix} 3 & 3 \\ 1 & 1 \end{pmatrix}$$

이다. 충분히 큰 n에 대하여,

$$\boldsymbol{p}_n = A^n\boldsymbol{p}_0 \approx \frac{1}{4}\begin{pmatrix} 3 & 3 \\ 1 & 1 \end{pmatrix}\begin{pmatrix} 100000 \\ 100000 \end{pmatrix} = \begin{pmatrix} 150000 \\ 50000 \end{pmatrix}$$

이다. 즉 시간이 충분히 지났을 때 B지역은 인구가 150000명, C지역은 인구가 50000명으로 수렴할 것이라고 예측할 수 있다.

상품 판매 분석

물건을 생산하는 회사에서는 고객 수에 따른 상품의 판매가 중요하다. 상품의 판매 수를 예측할 수 있다면 그것을 바탕으로 다양한 전략을 생각할 수 있을 것이다. 고윳값과 고유벡터의 대각화를 이용하여 상품 판매 분석에 관한 문제를 다루어 보자.

어떤 도시에 E사 노트북을 소유한 사람이 4만 명, F사 노트북을 소유한 사람이 5만 명이 있다고 하자. 노트북을 소유한 사람이 새 노트북으로 교환할 때, E사 노트북을 소유한 사람의 80%가 E사의 노트북으로 나머지는 F사의 노트북으로 교환하고 F사의 노트북을 소유한 사람의 70%가 F사의 노트북으로 나머지는 E사의 노트북으로 교환한다고 하자. 이후 매년 동시에 노트북을 교환한다고 가정할 때 E사 노트북과 F사의 노트북을 소유한 사람의 수의 변화를 예측해 보자.

먼저 n년 후에 E사 노트북과 F사의 노트북을 소유한 사람의 수를 각각 x_n, y_n라 하면

$$\begin{cases} x_n = 0.8x_{n-1} + 0.3y_{n-1} \\ y_n = 0.2x_{n-1} + 0.7y_{n-1} \end{cases}$$

이고

$$\boldsymbol{p}_n = \begin{pmatrix} x_n \\ y_n \end{pmatrix}, \quad A = \begin{pmatrix} 0.8 & 0.3 \\ 0.2 & 0.7 \end{pmatrix}$$

라 두면 위의 식은

$$\boldsymbol{p}_n = A^n \boldsymbol{p}_0$$

로 나타낼 수 있다. 이때

$$\boldsymbol{p}_0 = \begin{pmatrix} 40000 \\ 50000 \end{pmatrix}$$

는 현재의 소유자 분포를 나타낸다. 예를 들어, 1년 후 E사와 F사의 노트북 소유자의 분포는

$$\boldsymbol{p}_1 = A\boldsymbol{p}_0 = \begin{pmatrix} 0.8 & 0.3 \\ 0.2 & 0.7 \end{pmatrix}\begin{pmatrix} 40000 \\ 50000 \end{pmatrix} = \begin{pmatrix} 47000 \\ 43000 \end{pmatrix}$$

로 나타낼 수 있고 이것은 1년 후에 E사 노트북을 소유한 사람은 47000 명, F사 노트북을 소유한 사람은 43000 명이라는 사실을 나타낸다.

n년 후 노트북 사용자 분포를 계산하기 위하여 행렬 A의 대각화를 이용하자. A의 고윳값은 1과 0.5이고 각 고윳값에 대한 A의 고유벡터

$$\boldsymbol{u}_1 = \begin{pmatrix} 3 \\ 2 \end{pmatrix}, \quad \boldsymbol{u}_2 = \begin{pmatrix} 1 \\ -1 \end{pmatrix}$$

이다.

$$P = \begin{pmatrix} 3 & 1 \\ 2 & -1 \end{pmatrix}, \quad D = \begin{pmatrix} 1 & 0 \\ 0 & 0.5 \end{pmatrix}$$

라 두면

$$A = PDP^{-1}$$

이다. 따라서

$$A^n = PD^nP^{-1} = \begin{pmatrix} 3 & 1 \\ 2 & -1 \end{pmatrix}\begin{pmatrix} 1 & 0 \\ 0 & 0.5^n \end{pmatrix}\frac{1}{5}\begin{pmatrix} 1 & 1 \\ 2 & -3 \end{pmatrix}$$

이고 n가 충분히 크면 $(0.5)^n \approx 0$이므로

$$A^n \approx \begin{pmatrix} 3 & 1 \\ 2 & -1 \end{pmatrix}\begin{pmatrix} 1 & 0 \\ 0 & 0 \end{pmatrix}\frac{1}{5}\begin{pmatrix} 1 & 1 \\ 2 & -3 \end{pmatrix} = \frac{1}{5}\begin{pmatrix} 3 & 3 \\ 2 & 2 \end{pmatrix}$$

이다. 충분히 큰 n에 대하여,

$$\boldsymbol{p}_n = A^n\boldsymbol{p}_0 \approx \frac{1}{5}\begin{pmatrix} 3 & 3 \\ 2 & 2 \end{pmatrix}\begin{pmatrix} 40000 \\ 50000 \end{pmatrix} = \begin{pmatrix} 54000 \\ 36000 \end{pmatrix}$$

이다. 즉 전체 소유자 90,000명의 $\frac{3}{5}$인 54,000명은 E사 노트북을 $\frac{2}{5}$인 36,000명은 F사 노트북을 소유하게 된다고 예측할 수 있다.

연습문제 4.4

1. 다음 행렬의 고윳값과 고유벡터를 구하여라.

(1) $\begin{pmatrix} 3 & 1 \\ -3 & 7 \end{pmatrix}$ (2) $\begin{pmatrix} 1 & 6 \\ 5 & 2 \end{pmatrix}$ (3) $\begin{pmatrix} 1 & 1 \\ -5 & 5 \end{pmatrix}$

2. 다음 행렬을 대각화하여라.

(1) $\begin{pmatrix} 1 & 0 \\ 6 & -1 \end{pmatrix}$ (2) $\begin{pmatrix} 2 & -3 \\ 2 & -5 \end{pmatrix}$ (3) $\begin{pmatrix} 0 & 1 \\ 2 & 1 \end{pmatrix}$

3. 어떤 인접한 도시와 농촌에 살고 있는 인구를 각각 A_0, B_0라 하자. 매년 농촌에서 도시로 10%의 인구가 이주하고 도시에서 농촌으로 5%의 인구가 이주한다고 할 때 오랜 시간이 지났을 때 이 도시와 농촌의 인구분포를 예측하여라.

Chapter 05

1계 미분방정식

First-order Differential Equations

물리적, 사회적, 경제적인 현상 등 실생활에서의 현상을 미지의 변수, 함수, 방정식 등 수학적 용어로 표현하는 것이 바람직하다. 이와 같은 수학적 표현을 수리모델이라 한다. 모델을 만들고, 수학적인 방법으로 풀고, 결과를 해석하는 과정을 수리모델링이라고 한다. 속도나 가속도와 같은 물리적 개념들이 도함수이므로 수리모델은 함수의 도함수를 포함하는 방정식이 된다. 이와 같은 모델을 미분방정식이라 한다.

미분방정식은 함수의 1계 또는 n계의 도함수를 포함하는 방정식인데, 가장 간단한 미분방정식은 1계 미분방정식이다. 이 방정식은 고계 도함수를 포함하지 않고 1계 도함수만을 포함하고 있다. 이 장에서는 1계 미분방정식에 대한 기본적인 개념을 배우고 주어진 미분방정식을 풀어본다.

Chapter 05 1계 미분방정식

5.1 변수분리 미분방정식

미분방정식이란 y로 표시되는 미지 함수 한 개 또는 여러 개의 도함수를 포함하는 방정식이다. 미분방정식은 변수의 개수에 따라 상미분방정식, 편미분방정식으로 분류된다. 미분방정식의 계수란 미지 함수의 최고계 도함수를 의미한다. 만약 함수의 n계 도함수가 방정식에서 가장 높은 계수의 도함수이면 미분방정식을 n계 미분방정식이라 한다. 1개의 변수를 가지는 함수의 1계 또는 고계 도함수를 포함하는 미분방정식을 상미분방정식, 2개 이상의 변수를 가진 함수의 편도함수를 포함하는 미분방정식을 편미분방정식이라 한다. 이 장에서는 1계 미분방정식 $F(x,y,y')=0$에 대하여 다룰 것이다. 1계 미분방정식은

$$y' = \frac{dy}{dx} = f(x,y)$$

의 형태로 나타낼 수도 있다. 또한 부가적인 조건 $y(x_0)=y_0$가 주어진 미분방정식을 초깃값 문제라고 한다. 즉 초깃값 문제는

$$y' = \frac{dy}{dx} = f(x,y),\ \ y(x_0) = y_0$$

의 형태이다.

〖 정의 1 〗

(1) 미분방정식 $y'=f(x,y)$의 **해**란 열린 구간 I의 모든 x에 대하여 y'이 존재하고 미분방정식 $y'=f(x,y)$을 만족하는 함수 y를 의미한다.

(2) 미분방정식이 임의의 상수 c를 포함하는 해를 **일반해**(general solution)라 한다.

(3) 초깃값 문제에서 구한 해를 **특수해**(particular solution)라 한다.

변수를 분리할 수 있는 1계 미분방정식을 정의해 보자.

〖정의 2〗

1계 미분방정식 $y' = f(x, y)$이

$$y' = g(x)h(y) \tag{1}$$

와 같이 일변수함수 $g(x)$와 $h(y)$의 곱으로 분해되면 이 방정식을 **분리 가능하다**고 하고, **변수분리 미분방정식**이라 한다.

변수분리법

미분방정식

$$y' = g(x)h(y)$$

이 해를 구해 보자.

변수분리 미분방정식 $y' = g(x)h(y)$ 또는 $\frac{1}{h(y)}y' = g(x)$에서 양변을 x에 대하여 적분하면

$$\int \frac{1}{h(y)} y' dx = \int g(x) dx + c$$

이고, 치환적분에 의해

$$\int \frac{1}{h(y)} dy = \int g(x) dx + c \tag{2}$$

이다. 만약 g와 h가 연속함수이면 (2)의 적분들이 존재하고, 이 적분을 계산하여 (1)의 일반해를 얻는다. 이와 같은 풀이 방법을 **변수분리법**이라 부른다.

예제 1

미분방정식 $y' = \frac{y}{1+x}$의 해를 구하여라.

〖풀이〗

주어진 식으로부터

$$\frac{1}{y}y' = \frac{1}{1+x}$$

을 얻고, 양변을 x에 대하여 적분하면

$$\int \frac{1}{y} y' dx = \int \frac{1}{1+x} dx \Rightarrow \int \frac{1}{y} dy = \int \frac{1}{1+x} dx$$

이므로

$$\ln|y| = \ln|1+x| + c_1$$

이고

$$y = e^{\ln|1+x|+c_1} = e^{\ln|1+x|} e^{c_1} = |1+x| e^{c_1} = \pm e^{c_1}(1+x) = c(1+x) \ \left(c = \pm e^{c_1}\right)$$

이다.

NOTE

❶ 변수분리 미분방정식의 양변을 적분할 때 2개의 적분 상수를 사용할 필요는 없다.

❷ [예제 1]에서 c_1을 $\ln|c|$으로 사용하면 $\ln|y| = \ln|1+x| + \ln|c| = \ln|c(1+x)|$이므로 곧바로 $y = c(1+x)$을 얻는다.

예제 2

미분방정식 $y' = 1 + y^2$의 해를 구하여라.

【 풀이 】

주어진 식으로부터

$$\frac{1}{1+y^2} y' = 1$$

을 얻고, 양변을 x에 대하여 적분하면

$$\int \frac{1}{1+y^2} y' dx = \int 1 dx \Rightarrow \int \frac{1}{1+y^2} dy = \int 1 dx \tag{3}$$

이므로 $\tan^{-1} y = x + c$ 또는 $y = \tan(x+c)$이다.

NOTE

적분을 계산한 후 바로 적분 상수를 도입하여야 한다. (3)에서 양변을 적분한 후 $\tan^{-1} y = x$라 하면 $y = \tan x$가 되고, 이 때 c를 사용하면 $y = \tan x + c$를 얻는데 이것은 [예제 2]의 미분방정식의 해가 아니다. 즉 $y = \tan x + c$을 미분방정식에 적용해 보자. [예제 2]의 좌변은 $y' = \sec^2(x+c)$이고, 우변은 $1 + y^2 = 1 + (\tan x + c)^2 = 1 + \tan^2 x + 2c\tan x + c^2$이므로 성립하지 않는다.

예제 3

초깃값 문제 $xy' = e^{-y}$, $y(1) = 1$의 해를 구하여라.

〖 풀이 〗

주어진 식으로부터

$$e^y y' = \frac{1}{x}$$

을 얻고, 양변을 x에 대하여 적분하면

$$\int e^y y' dx = \int \frac{1}{x} dx \Rightarrow \int e^y dy = \int \frac{1}{x} dx$$

이므로 $e^y = \ln|x| + c$ 또는 $y = \ln(\ln|x| + c)$이다. $x = 1$일 때 $y = 1$이므로 $c = e$이다. 따라서 특수해는 $y = \ln(\ln|x| + e)$이다.

예제 4

초깃값 문제 $\frac{dy}{dx} = 3\csc(-2x + y) + 2$, $y(0) = \frac{\pi}{3}$의 해를 구하여라.

〖 풀이 〗

$-2x + y = u$라 두면 $u' = -2 + y'$이므로 $y' = u' + 2$이다. 따라서 주어진 식은

$$u' + 2 = 3\csc u + 2$$

이므로 $u' = 3\csc u$이다.

$$\sin u\, du = 3\, dx$$

을 얻고, 양변을 x에 대하여 적분하면 $-\cos u = 3x + c$ 또는 $\cos(-2x + y) = -3x + c$이다.

$y(0) = \frac{\pi}{3}$이므로 $c = \cos\frac{\pi}{3} = \frac{1}{2}$이다. 따라서 특수해는 $\cos(-2x + y) = -3x + \frac{1}{2}$이다.

확장된 변수분리법

1계 미분 방정식

$$y' = f\left(\frac{y}{x}\right) \tag{4}$$

의 형태인 경우에 대하여 알아보자. 여기서 함수 f는 $\cos\left(\frac{y}{x}\right)$, $\left(\frac{y}{x}\right)^2$, $\left(\frac{x}{y}\right)^3$등과 같은 미분가능한 함수이다.

$u = \frac{y}{x}$라 두면 $y = ux$이고,

$$y' = u'x + u$$

이다. 이것을 (4)에 대입하면

$$u'x + u = f(u) \Rightarrow u'x = f(u) - u$$

을 얻는다. 만약 $f(u) - u \neq 0$이면 변수분리 미분방정식이 되므로

$$\frac{1}{f(u) - u}u' = \frac{1}{x}$$

이다.

예제 5

$x^2y' = xy - y^2\ (x > 0)$의 해를 구하여라.

〖 풀이 〗

$y' = \frac{y}{x} - \left(\frac{y}{x}\right)^2$이므로 $u = \frac{y}{x}$라고 두면

$$u'x + u = u - u^2$$

이다. 분리 가능하므로

$$-\frac{1}{u^2}du = \frac{1}{x}dx$$

이다. 양변을 x에 대하여 적분하면 $\frac{1}{u} = \ln x + c$ 또는 $\frac{x}{y} = \ln x + c$을 얻는다. 따라서 $y = \frac{x}{\ln x + c}$이다.

연습문제 5.1

※ [문제 1~4] 다음 미분방정식의 해를 구하여라.

1. $y' = y(1-y)$

2. $y' \cos \pi x = \pi y \sin \pi x$

3. $y' = x\sqrt{1-x^2} \quad (-1 < x < 1)$

4. $\dfrac{dy}{dx} = (-2x+y)^2 - 7$

※ [문제 5~6] 다음 초깃값 문제의 해를 구하여라.

5. $y' = \dfrac{y + xe^{-\frac{y}{x}}}{x},\ y(1) = 1$

6. $xy' = y + 2x^3 \cos^2\left(\dfrac{y}{x}\right),\ y(1) = 0$

7. 적당한 치환을 이용하여 $x\,dy + ydx = xy^3\,dx$를 변수분리형으로 고쳐 해를 구하여라.

5.2 선형미분방정식

1계 미분방정식 $y' = f(x,y)$을

$$y' + p(x)y = r(x) \tag{1}$$

의 형태로 변형할 수 있으면 **선형**(linear)이라고 하고, 이 형태로 변형할 수 없으면 **비선형**(nonlinear)이라고 한다. 예를 들면 $y' = y^2$은 비선형방정식이다.

NOTE

❶ (1)에서 방정식은 y와 y'에 대하여 1차이고 p와 r은 x에 대한 함수이다.

❷ (1)에서 첫 번째 항이 $f(x)y'$이면 양변을 $f(x)$로 나누어 y'을 첫 번째 항으로 나타내는 **표준형**을 얻는다. 예를 들면 미분방정식 $y'\sin x + y\cos x = x$의 표준형은 $y' + y\cot x = x\csc x$이다.

1계 선형미분방정식은 $r(x)$의 형태에 따라서 다음과 같이 분류된다.

〚 정의 1 〛

(1) $y' + p(x)y = r(x)$에서 $r(x) = 0$이면 **제차**(homogeneous)라 한다.

(2) $y' + p(x)y = r(x)$에서 $r(x) \neq 0$이면 **비제차**(nonhomogeneous)라 한다.

제차 선형미분방정식

제차 선형미분방정식

$$y' + p(x)y = 0 \text{ 또는 } y' = -p(x)y \tag{2}$$

는

$$\frac{1}{y}dy = -p(x)dx$$

형태로 변수 분리 가능하다. 양변을 적분하면

$$\ln|y| = -\int p(x)dx + c_1$$

이고,

$$y = ce^{-\int p(x)\,dx}\,(c = \pm e^{c_1}) \tag{3}$$

이다. (3)은 (2)의 일반해이다. 여기서 $c = 0$을 선택하면 x에 대해 **자명한 해**(trivial solution) $y = 0$을 얻을 수 있다.

예제 1

$xy' + x^2 y = 0,\ y(1) = 1\,(x > 0)$의 해를 구하여라.

〖 풀이 〗

양변을 x로 나누어 표준형으로 변형하면 $y' + xy = 0$ 또는 $y' = -xy$이다. 변수를 분리하면

$$\frac{1}{y}y' = -x$$

이고, 양변을 적분하면

$$\int \frac{1}{y}\,dy = -\int x\,dx \;\Rightarrow\; \ln|y| = -\frac{1}{2}x^2 + c_1$$

이다. 그러므로

$$y = ce^{-\frac{1}{2}x^2}$$

이다. $y(1) = 1$에서 $1 = ce^{-\frac{1}{2}}$이므로 $c = \sqrt{e}$이다. 따라서 초깃값 문제의 특수해는 $y = \sqrt{e}\,e^{-\frac{1}{2}x^2} = e^{-\frac{1}{2}x^2 + \frac{1}{2}}$이다.

비제차 선형미분방정식

(3)의 양변에 $e^{\int p(x)\,dx}$을 곱하면 $ye^{\int p(x)\,dx} = c$이고, 미분하면

$$\left[y'e^{\int p(x)dx} + ye^{\int p(x)dx}p(x)\right] = 0$$

이고

$$[y' + p(x)y]\,e^{\int p(x)dx} = 0 \tag{4}$$

이다. (4)의 괄호 안의 식은 (2)의 좌변 식이다. 여기서

$$e^{\int p(x)\,dx}$$

을 선형미분방정식의 **적분인자**(integrating fact)라 한다.

비제차 선형미분방정식

$$y' + p(x)y = r(x) \quad (r(x) \neq 0) \tag{5}$$

의 해를 구하는데 적분인자를 이용할 것이다. 적분인자 $e^{\int p(x)\,dx}$를 (5)의 양변에 곱하면

$$[y' + p(x)y]\,e^{\int p(x)dx} = r(x)e^{\int p(x)dx}$$

이고

$$\frac{d}{dx}\left[ye^{\int p(x)\,dx}\right] = r(x)e^{\int p(x)\,dx}$$

이다. 양변을 적분하면

$$ye^{\int p(x)\,dx} = \int r(x)e^{\int p(x)\,dx}\,dx + c \tag{6}$$

이다. 따라서

$$y = e^{-\int p(x)dx}\left[\int r(x)\,e^{\int p(x)dx}\,dx + c\right] \tag{7}$$

이다.

NOTE

❶ (7)은 1계 비제차 선형미분방정식의 일반해를 구하는 공식이다.

❷ (7)을 암기하기보다는 (5)의 양변에 적분인자를 곱하여 해를 구하는 것이 편리할 때도 있다.

❸ 지수함수 $e^{\int p(x)dx}$의 부정적분 계산에서는 적분상수를 무시하였다. 적분인자를 양변에 곱하므로 $\int p(x)\,dx + c$와 같이 쓸 필요는 없다.

❹ (6)에서 반드시 적분상수 c를 써야만 한다. c를 쓰지 않으면 해가 틀릴 수 있다.

예제 2

$xy' - 4y = x^5e^x\,(x > 0)$의 해를 구하여라.

【풀이 1】

표준형을 얻기 위해 주어진 방정식의 양변을 x로 나누면

$$y' - \frac{4}{x}y = x^4 e^x \tag{8}$$

이므로 $p(x) = -\dfrac{4}{x}$, $r(x) = x^4 e^x$이다. 따라서 적분인자는

$$e^{-\int \frac{4}{x}dx} = e^{-4\ln x} = x^{-4}\,(x > 0)$$

이다. 적분인자를 (8)의 양변에 곱하면

$$x^{-4}y' - 4x^{-5}y = e^x$$

이다. 좌변은 $\dfrac{d}{dx}(x^{-4}y)$이므로

$$\frac{d}{dx}(x^{-4}y) = e^x$$

이다. 양변을 적분하면 $x^{-4}y = e^x + c$ 또는 $y = x^4 e^x + cx^4$이다.

【풀이 2】

표준형에서 $p(x) = -\dfrac{4}{x}$, $r(x) = x^4 e^x$이므로 $\displaystyle\int p(x)\,dx = -4\ln x$이다.

$$e^{\int p(x)dx} = x^4$$

를 (7)에 대입하면

$$y = x^4\left[\int e^x\,dx + c\right] = cx^4 + x^4 e^x$$

이다. 특수해는 (풀이 1)과 같다.

예제 3

다음 초깃값 문제의 해를 구하여라.

$$y' + y\tan x = \sin 2x,\ y(0) = 1 \tag{9}$$

【풀이 1】

적분인자는 $e^{\int \tan x\,dx} = \sec x$이므로 (9)의 양변에 곱하면

$$\sec x(y' + y\tan x) = \sec x \sin 2x$$

이다. 좌변은 $\dfrac{d}{dx}(y\sec x)$이고 우변은 $\sec x\sin 2x = 2\sin x$이므로

$$\frac{d}{dx}(y\sec x) = 2\sin x$$

이다. 양변을 적분하면

$$y\sec x = 2\int \sin x\, dx + c$$

이므로 일반해는 $y = \cos x[-2\cos x + c]$ 이다. 초기 조건에서 $1 = c - 2$ 이다. 따라서 $c = 3$이고, 초깃값 문제의 특수해는 $y = 3\cos x - 2\cos^2 x$이다.

【풀이 2】

$p(x) = \tan x$, $r(x) = \sin 2x = 2\sin x\cos x$이므로

$$\int p(x)\, dx = \ln|\sec x|$$

이다. 따라서 $e^{-\int p(x)dx} = \cos x$를 (7)에 대입하면

$$y = \cos x\left[2\int \sin x\, dx + c\right] = c\cos x - 2\cos^2 x$$

이다. 특수해는 (풀이 1)과 같다.

연습문제 5.2

※ [문제 1~6] 다음 초깃값 문제의 해를 구하여라.

1. $y' - y\tan x = 5e^{\sin x}$, $y(0) = 4$

2. $(e^{2y} - y)\cos x \dfrac{dy}{dx} = e^{y}\sin(2x)$, $y(0) = 0$

3. $\dfrac{dy}{dx} = \dfrac{xy^2 - \cos x \sin x}{y(1 - x^2)}$, $y(0) = 2$

4. $y' + y = x, y(0) = 4$

5. $y' + 2y = 4\cos 2x$, $\quad y\left(\dfrac{\pi}{4}\right) = 3$

6. $y' + y = r(x), y(0) = 0$. 여기서 $r(x) = \begin{cases} 1, & 0 \le x \le 1 \\ 0, & x > 1 \end{cases}$ 이다.

7. $(x^2 - 4)y' + xy = 0$의 일반해를 구하여라.

5.3 Bernoulli 방정식

응용문제의 대부분은 비선형이지만, 변수를 변환하여 선형미분방정식으로 모델링할 수 있다. 미분방정식

$$y' + p(x)y = q(x)y^n \ (n\text{는 임의의 실수}) \tag{1}$$

을 **Bernoulli 방정식**이라고 한다.

만약

(i) $n = 0$이면 $y' + p(x)y = q(x)$이므로 비제차 선형미분방정식이다.

(ii) $n = 1$이면 $y' + [p(x) - q(x)]y = 0$이므로 제차 선형미분방정식이다.

(iii) $n \neq 0, n \neq 1$이면 비선형이므로

$$u(x) = [y(x)]^{1-n}$$

라 두고 이것을 미분하면

$$u' = (1-n)y^{-n}y'$$

이다. 이 식에 (1)을 대입하면

$$u' = (1-n)y^{-n}(-py + qy^n) \Rightarrow u' + (1-n)py^{1-n} = (1-n)q$$

이고 $u = y^{1-n}$이므로 x와 u에 대한 1계 선형미분방정식

$$u' + (1-n)p(x)u = (1-n)q(x)$$

을 얻는다.

예제 1

$xy' + y = x^2y^2$의 해를 구하여라.

〖풀이〗

표준형을 얻기 위해 주어진 방정식의 양변을 x로 나누면

$$y' + \frac{1}{x}y = xy^2 \tag{2}$$

인 Bernoulli 방정식을 얻는다. $u(x) = [y(x)]^{1-2} = y^{-1}$라 두고 미분하면

$$u' = -y^{-2}y'$$

이다. 이 식에 (2)을 대입하면

$$u' = -y^{-2}\left(-\frac{1}{x}y + xy^2\right) \Rightarrow u' - \frac{1}{x}u = -x$$

이다. 1계 선형미분방정식의 해법에 의해

$$u = e^{-\int\left(-\frac{1}{x}\right)dx}\left(\int e^{\int\left(-\frac{1}{x}\right)dx}(-x)dx + c\right) = x(-x+c)$$

이므로 일반해는

$$y = \frac{1}{-x^2+cx}$$

이다.

예제 2

$(x-3xy^4) = y^3y'$ 의 해를 구하여라.

【 풀이 】

$y' = \dfrac{x-3xy^4}{y^3} = \dfrac{x}{y^3} - 3xy$이므로

$$y' + 3xy = xy^{-3} \tag{3}$$

인 Bernoulli 방정식을 얻는다. $n=-3$이므로 $u=y^{1-(-3)}=y^4$라 치환하고 미분하면

$$u' = 4y^3y'$$

이다. 따라서 (3)을 이 식에 대입하고 정리하면 1계 선형미분방정식

$$u' + 12xu = 4x$$

을 얻는다. $p(x)=12x$, $r(x)=4x$이므로 부분적분에 의해

$$u(x) = e^{-\int 12x\,dx}\left(\int 4xe^{\int 12x\,dx}dx + c\right) = e^{-6x^2}\left(\frac{1}{3}e^{6x^2}+c\right) = \frac{1}{3}+ce^{-6x^2}$$

이다. 따라서 $y = \left(\dfrac{1}{3}+ce^{-6x^2}\right)^{\frac{1}{4}}$ 이다.

예제 3

다음 초깃값 문제의 해를 구하여라.

$$\sqrt{y}\,y' = 1 - y\sqrt{y}, \quad y(0)=4$$

【 풀이 】

$y' = \dfrac{1}{\sqrt{y}} - y$이므로

$$y' + y = y^{-\frac{1}{2}} \tag{4}$$

인 Bernoulli 방정식을 얻는다. $n = -\frac{1}{2}$이므로 $u = y^{1-\left(-\frac{1}{2}\right)} = y^{\frac{3}{2}}$로 치환하고 미분하여 (4)에 대입하면

$$u' = \frac{3}{2}y^{\frac{1}{2}}y' = \frac{3}{2}y^{\frac{1}{2}}(y^{-\frac{1}{2}} - y) = \frac{3}{2} - \frac{3}{2}y^{\frac{3}{2}} = \frac{3}{2} - \frac{3}{2}u$$

이고, 1계 선형미분방정식

$$u' + \frac{3}{2}u = \frac{3}{2}$$

을 얻는다. $p(x) = \frac{3}{2}$, $r(x) = \frac{3}{2}$이므로

$$u(x) = e^{-\frac{3}{2}x}\left[\int \frac{3}{2}e^{\frac{3}{2}x}dx + c\right] = e^{-\frac{3}{2}x}\left(e^{\frac{3}{2}x} + c\right) = 1 + ce^{-\frac{3}{2}x}$$

이다. 따라서 일반해는 $y = \left(1 + ce^{-\frac{3}{2}x}\right)^{\frac{2}{3}}$ 이다. 초기조건 $y(0) = (1+c)^{\frac{2}{3}} = 4$에 의해 $c = 7$이므로 특수해는 $y = \left(1 + 7e^{-\frac{3}{2}x}\right)^{\frac{2}{3}}$ 이다.

연습문제 5.3

※ [문제 1~4] 다음 미분방정식의 해를 구하여라.

1. $x^2 y' = xy - y^2$

2. $(x - 2xy^3) = y^2 y'$

3. $2xyy' + (x-1)y^2 = x^2 e^x$

4. $3(1+x^2)y' = 2xy(y^3 - 1)$

※ [문제 5~7] 다음 초깃값 문제의 해를 구하여라.

5. $y' + \frac{1}{x}y = x^2 y^3,\ y(1) = 1$

6. $y' - y = xy^2,\ y(0) = 1$

7. $y' + xy = xy^{-1},\ y(0) = 3$

Chapter 06

2계 미분방정식

Second-order Differential Equations

공학, 자연과학에서의 많은 중요한 현상들이 2계 선형미분방정식으로 모델링된다. 임의의 미분방정식을 정확하게 푸는 방법은 없지만, 특정한 형태의 미분방정식에 대한 체계적인 풀이 방법은 있다. 이 장에서는 2계 상미분방정식에 대한 기본적인 개념을 배우고 표준적인 방법을 이용하여 주어진 미분방정식을 풀어본다. 2계 선형미분방정식에 대한 해의 공식을 이용하면 고계 선형미분방정식의 풀이에 활용할 수 있을 것이다. 이 장에서는

$$y'' + p(x)y' + q(x)y = r(x)$$

형태의 2계 선형미분방정식의 해를 구하는 다양한 해법을 배울 것이다.

Chapter 06 2계 미분방정식

6.1 선형성 원리

2계 상미분방정식 $y'' = f(x, y, y')$이

$$y'' + p(x)y' + q(x)y = r(x) \tag{1}$$

의 형태로 변형할 수 있다면 **선형**(linear)이라 하고, 이 형태로 변형할 수 없으면 **비선형**(nonlinear)이라 한다.

NOTE

❶ (1)에서 방정식은 y와 y', y''에 대하여 선형이고 p, q와 r은 x에 대한 함수이다.

❷ (1)에서 첫 번째 항이 $f(x)y''$이면 양변을 $f(x)$로 나누어 y''을 첫 번째 항으로 갖는 **표준형**으로 바꿀 수 있다.

❸ $p(x)$와 $q(x)$를 상미분방정식의 **계수**(coefficients)라 한다.

2계 선형미분방정식은 $r(x)$의 형태에 따라서 다음과 같이 분류된다.

〖 정의 1 〗

(1) $y'' + p(x)y' + q(x)y = r(x)$에서 $r(x) = 0$이면 **제차**(homogeneous)라 한다.

(2) $y'' + p(x)y' + q(x)y = r(x)$에서 $r(x) \neq 0$이면 **비제차**(nonhomogeneous)라 한다.

예를 들면 $y'' + 5y' + 10y = e^x \sin x$는 비제차 2계 선형미분방정식이다.

$x^2y'' + xy' + y = 0$을 표준형으로 바꾸면 $y'' + \frac{1}{x}y + \frac{1}{x^2}y = 0$이고 제차 2계 선형미분방정식이다.

$y'' + yy'^3 + y^2 = 0$은 제차 2계 비선형미분방정식이다.

선형성 원리

선형성 원리(linearly principle) 또는 중첩의 원리(superposition principle)는 제차 선형미분방정식에서 주어진 두 개 이상의 해로부터 이들을 더하거나 상수를 곱해서 추가적인 해를 얻을 수 있다는 것이다.

예제 1

$y=\sin x$와 $y=\cos x$는 2계 제차 선형미분방정식 $y''+y=0$의 해이다. 그리고 임의의 상수 c_1, c_2에 대해서 $y=c_1\sin x$는 방정식의 해이고 $y=c_2\cos x$도 해이다.
또한 $y=c_1\sin x+c_2\cos x$도 방정식의 해이다. 미분해서 방정식에 대입하면 해임을 알 수 있다.

NOTE

❶ (1)의 해가 y_1, y_2이면 임의의 상수 c_1과 c_2에 대하여 $c_1y_1+c_2y_2$도 해가 된다. 이 형태의 함수를 y_1과 y_2의 **1차 결합**(linear combination)이라 한다.

❷ 두 개의 함수 y_1과 y_2가 정의된 구간의 모든 점에서

(i) $k_1y_1+k_2y_2=0$일 때 $k_1=0$이고 $k_2=0$이어야 한다면 y_1, y_2는 구간에서 **1차 독립**(linearly independent)이라 한다.

(ii) $k_1\neq 0$ 또는 $k_2\neq 0$인 어떤 상수 k_1, k_2에 대하여 $k_1y_1+k_2y_2=0$이면 y_1, y_2는 구간에서 **1차 종속**(linearly dependent)이라 한다.

❸ 두 개의 함수 y_1과 y_2가 1차 종속이라면 y_1과 y_2는 서로 비례한다.

❹ 2계 제차 선형미분방정식 (1)에 대하여 열린 구간에서 두 개의 해의 1차 결합은 (1)의 해가 된다.

❺ 1차 결합의 해는 제차 선형미분방정식에 대해서만 성립한다. 비제차 또는 비선형미분방정식에서는 성립하지 않는다.

Wronskian

해의 1차 독립과 1차 종속에 대한 판별법인 정리를 살펴보자.

【정리 1】 Wronskian

열린구간 I에서 두 개의 해 y_1과 y_2가 구간 I에서 1차 종속이기 위한 필요충분조건은 Wronskian 또는 Wronskian 행렬식

$$W(y_1, y_2) = \begin{vmatrix} y_1 & y_2 \\ y_1' & y_2' \end{vmatrix} = y_1 y_2' - y_2 y_1' \tag{2}$$

이 0이 되는 점이 구간 I 내에서 존재한다.

NOTE

❶ 구간 I 내의 한 점에서 $W=0$이면 구간 I에서 $W=0$이다.

❷ $W \neq 0$인 점이 구간 I에서 존재하면 구간 I에서 y_1과 y_2는 1차 독립이다.

예제 2

$y'' + \omega y = 0 (w \neq 0)$의 해 $y_1 = \cos \omega x$와 $y_2 = \sin \omega x$이 1차 독립임을 보여라.

【풀이】

$$W(y_1, y_2) = \begin{vmatrix} \cos \omega x & \sin \omega x \\ -\omega \sin \omega x & \omega \cos \omega x \end{vmatrix} = \omega \cos^2 \omega x + \omega \sin^2 \omega x = \omega \neq 0$$

이므로 y_1과 y_2는 1차 독립이다.

예제 3

$x^2 y'' - 5xy' + 9y = 0 (x > 0)$의 해 $y_1 = x^3$와 $y_2 = x^3 \ln x$이 1차 독립임을 보여라.

【풀이】

$$W(y_1, y_2) = \begin{vmatrix} x^3 & x^3 \ln x \\ 3x^2 & 3x^2 \ln x + x^2 \end{vmatrix} = x^5$$

이고 $x > 0$이므로 y_1과 y_2는 1차 독립이다.

계수 내리기

2계 제차 선형미분방정식 $y''+p(x)y'+q(x)y=0$에서 1차 독립인 두 해 y_1과 y_2를 안다면 일반해는 임의의 상수 c_1, c_2에 대하여 $y=c_1y_1+c_2y_2$로 주어진다. 하지만 변수계수를 가지는 임의의 2계 제차 선형미분방정식에서 두 개의 해 y_1과 y_2를 구하는 일반적인 방법은 없다. 그러나 하나의 해 y_1이 알려져 있을 때 다른 해 y_2를 구하는 대표적인 방법이 있다. 이 방법을 **계수 내림**(redection of order)이라 부른다. y_1과 y_2가 1차 독립이면 두 해의 비 $\dfrac{y_2}{y_1}$은 상수가 아니다. 즉 $\dfrac{y_2}{y_1}=u(x)$ 또는 $y_2=u(x)y_1$이 된다. 이를 이용하여 y_1을 알 때 다른 해 y_2를 구하는 방법을 알아보자.

$y_2=u(x)y_1$의 양변을 x에 대하여 미분하면

$$y_2{}'=u'y_1+uy_1{}',\ \ y_2{}''=u''y_1+2u'y_1{}'+uy_1{}''$$

이다. y_2 역시 $y''+p(x)y'+q(x)y=0$의 해이므로 식에 대입하면

$$u''y_1+2u'y_1{}'+uy_1{}''+p(x)(u'y_1+uy_1{}')+q(x)uy_1=0$$

또는

$$u''y_1+u'(2y_1{}'+py_1)+u(y_1{}''+py_1{}'+qy_1)=0$$

이다. y_1이 $y''+p(x)y'+q(x)y=0$의 해이므로 마지막 괄호 항은 0이다. 따라서

$$u''y_1+u'(2y_1{}'+py_1)=0$$

또는

$$u''+u'\frac{2y_1{}'+py_1}{y_1}=0$$

이다. $v=u'$라 두면

$$v'+v\frac{2y_1{}'+py_1}{y_1}=0$$

이 되어 계수 내림된 1계 제차 미분방정식이다. 변수분리법을 사용하면

$$\frac{1}{v}v'=-\frac{2}{y_1}y_1{}'-p$$

이고, 양변을 x에 대하여 적분하면

$$\ln|v| = -2\ln|y_1| - \int p(x)dx$$

을 얻는다. 지수함수를 양변에 취하면

$$v = \frac{1}{y_1^2}e^{-\int p(x)\,dx}$$

이고 $v = u'$이므로

$$u = \int v\,dx = \int \frac{1}{y_1^2}e^{-\int p(x)\,dx}\,dx$$

이다. 두 번째 해 y_2는 $y_2 = u(x)y_1$이므로

$$y_2 = y_1\left(\int \frac{1}{y_1^2}e^{-\int p(x)\,dx}\,dx\right) \tag{3}$$

이다.

NOTE

❶ $f(x)y''$의 형태라면 y''을 갖는 표준형의 미분방정식으로 변형하여 구하여야 한다.

❷ $\dfrac{y_2}{y_1} = u(x) = \int v(x)\,dx\ (v > 0$이므로)는 상수가 될 수 없으므로 y_1과 y_2는 1차 독립이다.

예제 4

$y_1 = x$는 2계 선형미분방정식 $(x^2-x)y'' - xy' + y = 0$의 하나의 해이다. 계수 내림을 이용하여 1차 독립인 두 번째 해를 구하여라.

【풀이 1】

$y_2 = u(x)y_1 = ux$라 하자.

$$y_2{}' = u'x + u,\ \ y_2{}'' = u''x + 2u'$$

을 $(x^2-x)y'' - xy' + y = 0$에 대입하면

$$(x^2-x)(u''x + 2u') - x(u'x + u) + (ux) = 0 \ \Rightarrow\ (x^2-x)u'' + (x-2)u' = 0$$

이다. 양변을 $x^2 - x$로 나누고 $v = u'$라 두면

$$v' + \frac{x-2}{x^2-x}v = 0 \ \Rightarrow\ \frac{1}{v}v' = -\frac{x-2}{x^2-x}$$

이다. 양변을 x에 대하여 적분하면

$$\ln|v| = -\int \frac{2}{x}dx + \int \frac{1}{x-1}dx = -2\ln|x| + \ln|x-1|$$

이므로

$$v = \frac{x-1}{x^2} = \frac{1}{x} - \frac{1}{x^2} = -\frac{2}{x} + \frac{1}{x-1}$$

이다. $v = u'$ 이므로 $u = \int v\,dx = \ln|x| + \frac{1}{x}$ 이고, 따라서

$$y_2 = ux = x\ln|x| + 1$$

이다.

《풀이2》

공식 (3)을 이용하여 y_2를 찾기 위해 $(x^2 - x)y'' - xy' + y = 0$을 표준형으로 변형하면

$$y'' - \frac{1}{x-1}y' + \frac{1}{x^2 - x}y = 0$$

이다. 그러면 $p(x) = -\frac{1}{x-1}$ 이므로

$$-\int\left(-\frac{1}{x-1}\right)dx = \ln|x-1| \tag{4}$$

이다. $e^{-\int p(x)dx} = x-1$ 이므로 (3)으로부터

$$y_2 = x\int \frac{x-1}{x^2}dx = x\ln|x| + 1$$

이다.

NOTE

❶ 해 y_2를 구하는 것이므로 식 (4)에서 적분상수는 필요하지 않다.

❷ $\frac{y_2}{y_1} = \frac{x\ln|x| + 1}{x}$ 은 상수가 아니므로 y_1과 y_2는 1차 독립이다.

예제 5

2계 상미분방정식 $y'' + y'^3 \cos y = 0$의 해를 구하여라.

〔풀이〕

$v = y'$라 두면 $v' = y'' = \frac{d^2 y}{dx^2} = \frac{dv}{dx}$이므로 주어진 방정식은

$$\frac{dv}{dx} + v^3 \cos y = 0$$

이 된다. 이 식은 x, y, v에 대한 미분방정식이므로 연쇄법칙

$$y'' = \frac{dv}{dx} = \frac{dv}{dy}\frac{dy}{dx} = v\frac{dv}{dy}$$

에 의해 y, v에 대한 미분방정식

$$v\frac{dv}{dy} + v^3 \cos y = 0$$

으로 변형된다. 양변을 v^3로 나누면, 변수분리법에 의해

$$\frac{1}{v^2} v' = -\cos y \;\Rightarrow\; v = \frac{1}{\sin y + c_1}$$

이다. 따라서

$$\frac{dy}{dx} = \frac{1}{\sin y + c_1}$$

이고, 다시 변수분리법을 사용하면 $-\cos y + c_1 y = x + c_2$ 또는 $x = -\cos y + c_1 y + c_3$ 이다.

연습문제 6.1

※ [문제 1~4] 주어진 2계 미분방정식의 1차 독립인 두 번째 해를 구하여라.

1. $y'' + y' - 2y = 0$의 하나의 해는 $y_1 = e^x$이다.

2. $x^2 y'' - 3xy' + 4y = 0$의 하나의 해는 $y_1 = x^2$이다.

3. $x^2 y'' + 1.5xy' - 0.5y = 0$의 하나의 해는 $y_1 = \sqrt{x}$이다.

4. $xy'' + 2y' + xy = 0$의 하나의 해는 $y_1 = \frac{\cos x}{x}$이다.

※ [문제 5~8] 다음 2계 상미분방정식의 해를 구하여라.

5. $2xy'' = 4y'$

6. $y'' + y'^3 \sec^2 y = 0$

7. $yy'' = 3y'^2$

8. $y'' + \frac{(y')^2}{y} = 0$

9. 2계 상미분방정식의 초깃값 문제 $y'' + (y')^3 \cos y = 0$, $y(0) = \frac{\pi}{2}$, $y(1) = 0$의 해를 구하여라.

10. Legendre 방정식 $(1 - x^2)y'' - 2xy' + 2y = 0$, $-1 < x < 1$에 대하여 다음 물음에 답하여라.
    (1) 방정식을 만족하는 하나의 해를 추측하여라.
    (2) (1)에서 구한 해를 이용하여 두 번째 해를 구하여라.

6.2 상수 계수를 갖는 제차 선형미분방정식

이 절에서는 계수 a와 b가 상수인 2계 제차 선형미분방정식

$$y'' + ay' + by = 0 \tag{1}$$

의 풀이법에 대하여 알아보자.

(1)을 풀기 위해 상수 계수 k를 갖는 1계 제차 선형미분방정식

$$y' + ky = 0$$

을 살펴보자. 이 식의 해는 변수분리법에 의해 $y = ce^{-kx}$임을 알고 있다. 이를 이용하여 (1)의 해를

$$y = e^{\lambda x}$$

로 추측하여 $y' = \lambda e^{\lambda x}$, $y'' = \lambda^2 e^{\lambda x}$을 (1)에 대입하면

$$(\lambda^2 + a\lambda + b)e^{\lambda x} = 0$$

을 얻는다. $e^{\lambda x} \neq 0$이므로 이 방정식을 $e^{\lambda x}$로 나누면

$$\lambda^2 + a\lambda + b = 0 \tag{2}$$

이고 (2)를 (1)의 **특성방정식**(characteristic equation)이라 한다. λ가 방정식 (2)를 만족하면 $y = e^{\lambda x}$는 (1)의 해가 된다.

특성방정식의 해는 2차 방정식 근의 공식에 의해

$$\lambda_1 = \frac{-a + \sqrt{a^2 - 4b}}{2}, \quad \lambda_2 = \frac{-a - \sqrt{a^2 - 4b}}{2}$$

를 얻는다. 따라서 (1)의 해는

$$y_1 = e^{\lambda_1 x} \text{와 } y_2 = e^{\lambda_2 x}$$

이 된다. (2)의 해는 판별식 $a^2 - 4b$의 부호에 따라 세 가지 종류가 있다. 즉

경우 1 : $a^2 - 4b > 0$이면 서로 다른 두 실근

경우 2 : $a^2 - 4b = 0$이면 실 이중근

경우 3 : $a^2 - 4b < 0$이면 공액 복소근

각각의 경우에 대하여 알아보자.

경우 1 : 서로 다른 두 실근

이 경우는 특성방정식의 판별식이 $a^2-4b>0$일 때 나타난다. 특성방정식 (2)의 근 λ_1과 λ_2는 서로 다른 실수이므로

$$y_1=e^{\lambda_1 x} \text{과 } y_2=e^{\lambda_2 x}$$

는 방정식 (1)의 서로 다른 해이다. $\lambda_1 \neq \lambda_2$일 때는 $\dfrac{y_2}{y_1}=e^{(\lambda_2-\lambda_1)x}$가 상수가 아니므로 두 해 y_1과 y_2는 1차 독립이다. 따라서 일반해는

$$y=c_1 e^{\lambda_1 x}+c_2 e^{\lambda_2 x}\ (c_1, c_2 \text{는 임의의 상수})$$

이다.

예제 1

미분방정식 $y''+y'-2y=0$의 해를 구하여라.

【 풀이 】

특성방정식은 $\lambda^2+\lambda-2=(\lambda-1)(\lambda+2)=0$이고, 특성방정식의 근은 $\lambda_1=1$과 $\lambda_2=-2$(근들의 배열순서는 상관없음)이므로 일반해는 $y=c_1e^x+c_2e^{-2x}$ (c_1, c_2는 임의의 상수)이다.

경우 2 : 실 이중근

이 경우는 특성방정식의 판별식이 $a^2-4b=0$일 때 나타난다.

특성방정식 (2)의 이중근이 $\lambda_1=\lambda_2=-\dfrac{a}{2}$이므로 방정식 (1)은 하나의 해

$$y_1=e^{\lambda x}=e^{-\frac{a}{2}x}$$

을 얻는다. 다른 해를 얻기 위해서 계수 내리기를 이용하여 1차 독립인 다른 해 y_2를 구한다.

계수 내리기 공식 $y_2 = y_1 \int \frac{1}{y_1^2} e^{-\int p(x)dx} dx$에 y_1을 대입하면

$$y_2 = e^{-\frac{a}{2}x} \int \frac{1}{\left(e^{-\frac{a}{2}x}\right)^2} e^{-\int a dx} dx = e^{-\frac{a}{2}x} \int 1\, dx = xe^{-\frac{a}{2}x}$$

이다. 따라서 일반해는

$$y = c_1 e^{-\frac{a}{2}x} + c_2 x e^{-\frac{a}{2}x} = (c_1 + c_2 x) e^{-\frac{a}{2}x} \quad (c_1, c_2\text{는 임의의 상수})$$

이다.

예제 2

초깃값 문제 $y'' - 4y' + 4y = 0, \quad y(0) = 2, \; y'(0) = 3$의 해를 구하여라.

〖풀이〗

특성방정식은 $\lambda^2 - 4\lambda + 4 = (\lambda - 2)^2 = 0$ 이고, 특성방정식의 근은 $\lambda = 2$이므로 일반해는

$$y = (c_1 + c_2 x) e^{2x} \quad (c_1, c_2\text{는 임의의 상수})$$

이다. 초기 조건으로부터 $y(0) = c_1 = 2, \; y'(0) = 2c_1 + c_2 = 3$이므로 $c_2 = -1$이다. 따라서 초깃값 문제의 특수해는 $y = (2 - x)e^{2x}$이다.

경우 3 : 복소근

이 경우는 특성방정식의 판별식이 $a^2 - 4b < 0$일 때 나타난다. 특성방정식 (2)의 근이 복소수

$$\lambda_1 = -\frac{a}{2} + \sqrt{b - \frac{a^2}{4}}\, i, \; \lambda_2 = -\frac{a}{2} - \sqrt{b - \frac{a^2}{4}}\, i$$

이므로 방정식 (1)의 해는 복소수 해

$$y_1{}^* = e^{\lambda_1 x}, \; y_1{}^* = e^{\lambda_1 x} \;\Rightarrow\; y_1{}^* = e^{(\alpha + i\omega)x}, \; y_2{}^* = e^{(\alpha - i\omega)x}$$

를 얻는다. 여기서 $\alpha = -\frac{a}{2}$이고 $\omega = \sqrt{b - \frac{a^2}{4}}$ 이다.

Euler 공식과 선형성 원리를 이용하면 실수해는

$$y_1 = e^{\alpha x} \cos\omega x, \; y_2 = e^{\alpha x} \sin\omega x$$

을 얻을 수 있고, 따라서 방정식 (1)의 일반해는

$$y = e^{\alpha x}(c_1 \cos \omega x + c_2 \sin \omega x) \ \ (c_1, c_2\text{는 임의의 상수})$$

이다.

실수해를 구하는 과정은 다음과 같다.

NOTE

❶ Euler 공식(Euler formula) : $e^{i\omega} = \cos\omega + i\sin\omega$

❷ 지수함수의 성질 : $e^z = e^{\alpha + i\omega} = e^{\alpha}e^{i\omega} = e^{\alpha}(\cos\omega + i\sin\omega)$

❸ 복소수 해 $y_1{}^* = e^{(\alpha + i\omega)x}$, $y_2{}^* = e^{(\alpha - i\omega)x}$는

$$y_1{}^* = e^{\alpha x}e^{i\omega x} = e^{\alpha x}(\cos\omega x + i\sin\omega x),\ y_2{}^* = e^{\alpha x}e^{-i\omega x} = e^{\alpha x}(\cos\omega x - i\sin\omega x)$$

이므로 선형성 원리에 의해 실수해

$$y_1 = \frac{1}{2}y_1{}^* + \frac{1}{2}y_2{}^* = e^{\alpha x}\cos\omega x,\ y_2 = \frac{1}{2i}y_1{}^* - \frac{1}{2i}y_2{}^* = e^{\alpha x}\sin\omega x$$

을 얻는다.

예제 3

미분방정식 $y'' - y' + y = 0$의 해를 구하여라.

〘 풀이 〙

특성방정식은 $\lambda^2 - \lambda + 1 = 0$이고, 특성방정식의 근은 $\lambda = \frac{1}{2} \pm \frac{\sqrt{3}}{2}i$이므로 복소수 해는

$$y_1{}^* = e^{\left(\frac{1}{2} + \frac{\sqrt{3}}{2}i\right)x},\ y_2{}^* = e^{\left(\frac{1}{2} - \frac{\sqrt{3}}{2}i\right)x}$$

이다. 실수해는 $y_1 = e^{\frac{1}{2}x}\cos\frac{\sqrt{3}}{2}x$, $y_2 = e^{\frac{1}{2}x}\sin\frac{\sqrt{3}}{2}x$이므로 방정식의 일반해는

$$y = e^{\frac{1}{2}x}\left(c_1\cos\frac{\sqrt{3}}{2}x + c_2\sin\frac{\sqrt{3}}{2}x\right) \ \ (c_1, c_2\text{는 임의의 상수})$$

이다.

예제 4

미분방정식 $y'' + y = 0$의 해를 구하여라.

〖 풀이 〗

특성방정식은 $\lambda^2 + 1 = 0$이고, 특성방정식의 근은 $\lambda = \pm i$이므로 복소수 해는

$$y_1{}^* = e^{ix},\ y_2{}^* = e^{-ix}$$

이다. 실수해는 $y_1 = \cos x$, $y_2 = \sin x$이므로 방정식의 일반해는

$$y = c_1 \cos x + c_2 \sin x \quad (c_1, c_2\text{는 임의의 상수})$$

이다.

연습문제 6.2

※ [문제 1~5] 다음 미분방정식의 해를 구하여라.

1. $y'' + 2y' - 3y = 0$

2. $2y'' - 5y' - 3y = 0$

3. $y'' + 2y' + y = 0$

4. $y'' + 2\pi y' + 2\pi^2 y = 0$

5. $y'' - 2y' + 5y = 0$

※ [문제 6~7] 다음 초깃값 문제의 해를 구하여라.

6. $y'' + y' + 25y = 0,\ y(0) = 3,\ y'(0) = -30$

7. $y'' + 4y' + 9y = 0,\ y(0) = 0,\ y'(0) = 3$

6.3 오일러-코시 방정식

변수계수를 가지는 대부분의 선형미분방정식의 해를 구하는 방법은 간단하지 않지만. 변수계수를 가지는 선형미분방정식의 특별한 형태인 오일러-코시(Euler-Cauchy) 방정식은 상수 계수를 가지는 방정식의 해법과 매우 비슷하다. 상수 a, b와 y를 갖는

$$x^2y'' + axy' + by = 0 \tag{1}$$

형태의 방정식을 오일러-코시(Euler-Cauchy) 방정식이라 한다.

식 (1)에서 y''의 계수 x^2과 y'의 계수 x를 참고하여 식 (1)에

$$y = x^m,\ y' = mx^{m-1},\ y'' = m(m-1)x^{m-2}$$

을 대입하면

$$x^2m(m-1)x^{m-2} + axmx^{m-1} + bx^m = 0$$

을 얻는다. $x \neq 0$이면 x^m을 나누어

$$m^2 + (a-1)m + b = 0 \tag{2}$$

을 얻는다. (2)를 (1)의 **보조방정식**(auxiliary equation)이라 한다. m이 방정식 (2)를 만족하면 $y = x^m$는 (1)의 해가 된다.

보조방정식의 해는 2차 방정식 근의 공식에 의해

$$m_1 = -\frac{a-1}{2} + \sqrt{\frac{1}{4}(a-1)^2 - b},\quad m_2 = -\frac{a-1}{2} - \sqrt{\frac{1}{4}(a-1)^2 - b}$$

를 얻는다. 따라서 (1)의 해는

$$y_1 = x^{m_1}\text{와 } y_2 = x^{m_2}$$

이 된다. (2)의 해는 판별식 $(a-1)^2 - 4b$의 부호에 따라 세 가지 종류가 있다. 즉

경우 1 : $(a-1)^2 - 4b > 0$이면 서로 다른 두 실근

경우 2 : $(a-1)^2 - 4b = 0$이면 실 이중근

경우 3 : $(a-1)^2 - 4b < 0$이면 공액 복소근

NOTE

상수 계수인 경우와 다르게 a가 아니고 $a-1$인 것에 주의하자.

상수 계수를 가지는 경우와 같이 각각의 경우에 대하여 알아보자.

경우 1 : 서로 다른 두 실근

이 경우는 보조방정식의 판별식이 $(a-1)^2-4b>0$일 때 나타난다. 보조방정식의 근 m_1과 m_2는 서로 다른 실수이므로

$$y_1 = x^{m_1}\text{과 } y_2 = x^{m_2}$$

는 방정식 (1)의 서로 다른 해이다. $m_1 \neq m_2$일 때는 $\dfrac{y_2}{y_1} = x^{m_2 - m_1}$가 상수가 아니므로 두 해 y_1과 y_2는 1차 독립이다. 따라서 일반해는

$$y = c_1 x^{m_1} + c_2 x^{m_2} \quad (c_1, c_2\text{는 임의의 상수})$$

이다.

예제 1

오일러-코시 방정식 $x^2y'' + 3xy' - 15y = 0 \ \ (x \neq 0)$의 해를 구하여라.

【 풀이 】

보조방정식은 $m^2 + (3-1)m - 15 = (m+5)(m-3) = 0$이고, 보조방정식의 근은 $m_1 = -5$과 $m_2 = 3$(근들의 배열순서는 상관없음)이므로 일반해는 $y = c_1 x^{-5} + c_2 x^3$ $(c_1, c_2$는 임의의 상수)이다.

경우 2 : 실 이중근

이 경우는 보조방정식의 판별식이 $(a-1)^2-4b=0$일 때 나타난다.

보조방정식 $m^2 + (a-1)m + b = 0$의 이중근이 $m_1 = m_2 = -\dfrac{a-1}{2}$이므로 방정식 (1)은 하나의 해 $y_1 = x^m = x^{-\frac{a-1}{2}}$을 얻는다. 다른 해를 얻기 위해서 계수 내리기를

이용하여 1차 독립인 다른 해 y_2를 구한다. 방정식 (1)을 표준형

$$y'' + \frac{a}{x}y' + \frac{b}{x^2}y = 0$$

으로 변형하여 계수 내리기 공식 $y_2 = y_1 \int \frac{1}{y_1^2} e^{-\int p(x)dx} dx$에 y_1을 대입하면

$$y_2 = x^{-\frac{a-1}{2}} \int \frac{1}{\left(x^{-\frac{a-1}{2}}\right)^2} e^{-\int \frac{a}{x}dx} dx = x^{-\frac{a-1}{2}} \int \frac{1}{x} dx = x^{-\frac{a-1}{2}} \ln x$$

이다. 따라서 일반해는

$$y = (c_1 + c_2 \ln x)x^m = (c_1 + c_2 \ln x)x^{-\frac{a-1}{2}} \quad (c_1, c_2\text{는 임의의 상수})$$

이다.

예제 2

오일러-코시 방정식 $x^2y'' - 3xy' + 4y = 0 \ (x > 0)$의 해를 구하여라.

〖 풀이 〗

보조방정식은 $m^2 - 4m + 4 = (m-2)^2 = 0$ 이고, 보조방정식의 근은 이중근 $m = 2$이므로 일반해는 $y = (c_1 + c_2 \ln x)x^2$ (c_1, c_2는 임의의 상수)이다.

예제 3

미분방정식 $(x+1)^2y'' - (x+1)y' + y = 0 \ (x > -1)$의 해를 구하여라.

〖 풀이 〗

$u = x + 1$라 두면 u와 y에 대한 오일러-코시 방정식

$$u^2y'' - uy' + y = 0$$

이 된다. 보조방정식은 $m^2 - 2m + 1 = 0$이고 이중근 $m = 1$을 얻으므로 하나의 해 $y_1 = u$이다. 계수 내리기에 의해

$$y_2 = u \int \frac{1}{u^2} e^{-\int \frac{-1}{u} dx} du = u \ln u$$

이므로 주어진 미분방정식의 일반해는 $y = c_1(x+1) + c_2(x+1)\ln(x+1)$ (c_1, c_2는 임의의 상수)이다.

경우 3 : 복소근

이 경우는 보조방정식의 판별식이 $(a-1)^2-4b<0$일 때 나타난다. 보조방정식 $m^2+(a-1)m+b=0$의 근이 복소수

$$m_1=-\frac{a-1}{2}+\sqrt{b-\frac{(a-1)^2}{4}}\,i,\ m_2=-\frac{a-1}{2}-\sqrt{b-\frac{(a-1)^2}{4}}\,i$$

이므로 방정식 (1)의 해는 복소수 해

$$y_1{}^*=x^{m_1},\ y_2{}^*=x^{m_2}\ \Rightarrow\ y_1{}^*=x^{\alpha+i\omega},\ y_2{}^*=x^{\alpha-i\omega}$$

를 얻는다. 여기서 $\alpha=-\dfrac{a-1}{2}$이고 $\omega=\sqrt{b-\dfrac{(a-1)^2}{4}}$이다.

Euler 공식과 선형성 원리를 이용하면 실수해는

$$y_1=x^{\alpha}\cos(\omega\ln x),\ y_2=x^{\alpha}\sin(\omega\ln x)$$

을 얻을 수 있고, 따라서 방정식 (1)의 일반해는

$$y=x^{\alpha}\left[c_1\cos(\omega\ln x)+c_2\sin(\omega\ln x)\right]\quad (c_1, c_2\text{는 임의의 상수})$$

이다.

실수해를 구하는 과정은 다음과 같다

NOTE

❶ 지수함수의 성질 : $x^{\alpha+i\omega}=x^{\alpha}x^{i\omega}=x^{\alpha}e^{\ln x^{i\omega}}=x^{\alpha}e^{i\omega\ln x}=x^{\alpha}\{\cos(\omega\ln x)+i\sin(\omega\ln x)\}$

❷ 복소수 해 $y_1{}^*=x^{\alpha+i\omega}$, $y_2{}^*=x^{\alpha-i\omega}$는

$y_1{}^*=x^{\alpha}[\cos(\omega\ln x)+i\sin(\omega\ln x)]$, $y_2{}^*=x^{\alpha}[\cos(\omega\ln x)-i\sin(\omega\ln x)]$

이므로 선형성 원리에 의해 실수해

$y_1=\dfrac{1}{2}y_1{}^*+\dfrac{1}{2}y_2{}^*=x^{\alpha}\cos(\omega\ln x)$, $y_2=\dfrac{1}{2i}y_1{}^*-\dfrac{1}{2i}y_2{}^*=x^{\alpha}\sin(\omega\ln x)$

을 얻는다.

예제 4

미분방정식 $x^2y'' + xy' + 4y = 0\ (x > 0)$의 해를 구하여라.

〖 풀이 〗

보조방정식은 $m^2 + 4 = 0$이고, 보조방정식의 근은 $m = \pm 2i$이므로 복소수 해는

$$y_1{}^* = x^{2i},\ \ y_2{}^* = x^{-2i}$$

이다. 따라서 실수해는 $y_1 = \cos(2\ln x),\ y_2 = \sin(2\ln x)$이고

$\dfrac{y_2}{y_1} = \dfrac{\sin(2\ln x)}{\cos(2\ln x)} = \tan(2\ln x)$이 상수가 아니므로 두 해 y_1과 y_2는 1차 독립이다.

따라서 주어진 방정식의 일반해는

$$y = c_1\cos(2\ln x) + c_2\sin(2\ln x)\ \ (c_1, c_2\text{는 임의의 상수})$$

이다.

예제 5

초깃값 문제 $x^2y'' + 3xy' + 2y = 0, y(1) = 1, y'(1) = 4\ (x > 0)$의 해를 구하여라.

〖 풀이 〗

보조방정식은 $m^2 + 2m + 2 = 0$이고, 보조방정식의 근은 $m = -1 \pm i$이므로 복소수 해는

$$y_1{}^* = x^{-1+i},\ \ y_2{}^* = x^{-1-i}$$

이다. 그러므로 실수해는 $y_1 = \dfrac{1}{x}\cos(\ln x),\ y_2 = \dfrac{1}{x}\sin(\ln x)$이고

$\dfrac{y_2}{y_1} = \dfrac{\sin(\ln x)}{\cos(\ln x)} = \tan(\ln x)$이 상수가 아니므로 두 해 y_1과 y_2는 1차 독립이다. 주어진 방정식의 일반해는

$$y = c_1\frac{1}{x}\cos(\ln x) + c_2\frac{1}{x}\sin(\ln x)\ \ (c_1, c_2\text{는 임의의 상수})$$

이다. $y(1) = c_1 = 1, y'(1) = -c_1 + c_2 = 4$이고 $c_1 = 1,\ c_2 = 5$이므로 특수해는

$y = \dfrac{4}{x}\cos(\ln x) + \dfrac{5}{x}\sin(\ln x)$이다.

연습문제 6.3

※ [문제 1~6] 다음 오일러-코시 방정식의 해를 구하여라.

1. $x^2y'' - 7xy' + 16y = 0\ (x \neq 0)$

2. $x^2y'' + 5xy' - 12y = 0\ (x \neq 0)$

3. $x^2y'' - 5xy' + 9y = 0\ (x > 0)$

4. $4x^2y'' + 8xy' + y = 0\ (x > 0)$

5. $4x^2y'' + 5y = 0\ \ (x > 0)$

6. $x^2y'' + 5xy' + 13 = 0\ \ (x > 0)$

※ [문제 7~10] 다음 미분방정식의 해를 구하여라.

7. $(x+3)^2y'' - (x+3)y' - 3y = 0$

8. $(x+3)^2y'' - (x+3)y' + y = 0$

9. $(2x+1)^2y'' + 6(2x+1)y' + 4y = 0$

10. $(x+2)^2y'' + 5(x+2)y' + 5y = 0$

6.4 상수 계수를 갖는 비제차 선형미분방정식

다양한 형태의 제차 선형미분방정식에 대한 해법을 알아보았는데, 이 절에서는 비제차 선형미분방정식에 대한 풀이법을 배워보자. 2계 비제차 선형미분방정식은

$$y'' + p(x)y' + q(x)y = r(x),\ \ r(x) \neq 0 \tag{1}$$

의 형태이다. (1)의 일반해는 제차 선형미분방정식의 일반해 y_h와 비제차 선형미분방정식의 특수해 y_p로 구성된다.

〖 정의 1 〗

열린구간에서 비제차 선형미분방정식의 **일반해**는

$$y(x) = y_h(x) + y_p(x)$$

의 형태이다. 여기서 $y_h = c_1 y_1 + c_2 y_2$는 제차 선형미분방정식의 해 y_1과 y_2의 1차 결합이고, y_p는 비제차 선형미분방정식의 어떤 특수한 해이다.

이 절에서는 비제차 선형미분방정식의 특수해를 구하는 두 가지 방법인 미정계수법과 매개변수변환법에 대하여 알아본다.

미정계수법

미정계수법(method of underdetermined coefficients)은 상수 계수를 가지는 2계 비제차 선형미분방정식

$$y'' + ay' + by = r(x),\ \ r(x) \neq 0$$

의 $r(x)$를 이루는 함수에 따라서 특수해 y_p를 추측하여 찾는 방법이다. 특히 $r(x)$가 x의 거듭제곱, 지수함수, 삼각함수인 경우에 활용한다. 이 함수들은 $r(x)$와 유사한 도함수를 가지므로 y_p를 $r(x)$와 유사하게 선택 후 계수를 비교하여 y_p를 구하는 방법이다.

$r(x)$의 형태에 따라 y_p를 선택하는 규칙으로는 다음 세 가지로 분류한다.

(a) 기본규칙 : 아래 <표 1> 참고

(b) 변형규칙 : 표와 같이 y_p를 선택한 것이 제차 선형미분방정식의 해와 같은 경우에는 x 또는 x^2을 곱한다.

(c) 합규칙 : $r(x)$가 <표 1>의 첫 번째 열에 있는 함수들의 합이라면 y_p도 두 번째 열에 있는 함수들의 합으로 선택한다.

<표 1>

$r(x)$의 형태	y_p의 선택
$kx^n \ (n=0,1,\cdots)$	$y_p = c_n x^n + c_{n-1}x^{n-1} + \cdots + c_1 x + c_0$
$ke^{\alpha x}$	$y_p = ce^{\alpha x}$
$k\cos\omega x$	$y_p = c_1\cos\omega x + c_2\sin\omega x$
$k\sin\omega x$	$y_p = c_1\cos\omega x + c_2\sin\omega x$
$ke^{\alpha x}\cos\omega x$	$y_p = e^{\alpha x}(c_1\cos\omega x + c_2\sin\omega x)$
$ke^{\alpha x}\sin\omega x$	$y_p = e^{\alpha x}(c_1\cos\omega x + c_2\sin\omega x)$

NOTE

❶ 기본규칙은 $r(x)$가 한 개의 항으로 이루어진 함수일 때 적용된다.

❷ 변형규칙을 적용시키기 위해서는 제차 미분방정식의 해를 구해야 한다.

예제 1

미분방정식 $y'' + y = x^2$의 해를 구하여라.

〖풀이〗

제차 선형미분방정식이 $y'' + y = 0$이므로 특성방정식은 $\lambda^2 + 1 = 0$이고 근은 $\lambda = \pm i$이다. 따라서 제차 선형미분방정식의 일반해는 $y_h = A\cos x + B\sin x$이다.

$r(x) = x^2$이므로 비제차 선형미분방정식의 특수해로 $y_p = cx^2$을 시도해 보자.

$y_p{}' = 2cx$, $y_p{}'' = 2c$이고 방정식에 대입하면 $2c + cx^2 = x^2$이다. 모든 x에 대하여 이 식이 만족해야 하는데 $c = 1$ 또는 $c = 0$이므로 모순이다.

<표 1>에 의해 $y_p = c_2x^2 + c_1x + c_0$으로 선택하여 방정식에 대입하면

$$2c_2 + c_2x^2 + c_1x + c_0 = x^2$$

을 얻는다. 양변의 계수를 비교하면 $c_2 = 1,\ c_1 = 0,\ c_0 = -2$이므로 특수해는 $y_p = x^2 - 2$ 이다. 따라서 주어진 비제차 선형미분방정식의 일반해는

$y = y_h + y_p = A\cos x + B\sin x + x^2 - 2$이다.

예제 2

미분방정식 $y'' - 2y' + 5y = e^{-x}$의 해를 구하여라.

〖 풀이 〗

제차 선형미분방정식이 $y'' - 2y' + 5y = 0$이므로 특성방정식은 $\lambda^2 - 2\lambda + 5 = 0$ 이고 근은 $\lambda = 1 \pm 2i$이다. 따라서 제차 선형미분방정식의 일반해는 $y_h = (A\cos 2x + B\sin 2x)e^x$ 이다.

$r(x) = e^{-x}$이므로 비제차 선형미분방정식의 특수해로 $y_p = ce^{-x}$을 시도해 보자.

$y_p' = -ce^{-x},\ y_p'' = ce^{-x}$이고 방정식에 대입하면

$$ce^{-x} - 2(-ce^{-x}) + 5ce^{-x} = e^{-x}$$

이다. 양변의 계수를 비교하면 $c = \frac{1}{8}$이므로 특수해는 $y_p = \frac{1}{8}e^{-x}$이다. 따라서 주어진 비제차 선형미분방정식의 일반해는 $y = y_h + y_p = (A\cos 2x + B\sin 2x)e^x + \frac{1}{8}e^{-x}$이다.

예제 3

미분방정식 $y'' + 2y' + y = e^{-x}$의 해를 구하여라.

〖 풀이 〗

제차 선형미분방정식이 $y'' + 2y' + y = 0$이므로 특성방정식은 $\lambda^2 + 2\lambda + 1 = (\lambda + 1)^2 = 0$ 이고 근은 이중근 $\lambda = -1$이다. 따라서 제차 선형미분방정식의 일반해는 $y_h = (A + Bx)e^{-x}$ 이다.

$r(x) = e^{-x}$이고 제차 선형미분방정식의 일반해에 대응되므로 비제차 선형미분방정식의 특수해로 $y_p = cx^2e^{-x}$을 시도해 보자.

미분하여 방정식에 대입하고 양변의 계수를 비교하면 $c=\frac{1}{2}$이므로 특수해는 $y_p=\frac{1}{2}x^2e^{-x}$이다. 따라서 주어진 비제차 선형미분방정식의 일반해는

$$y=y_h+y_p=Ae^{-x}+Bxe^{-x}+\frac{1}{2}x^2e^{-x}$$

이다.

예제 4

미분방정식 $y''+2y'+y=e^{-x}+e^{-2x}\sin x$의 해를 구하여라.

〖 풀이 〗

제차 선형미분방정식이 $y''+2y'+y=0$이므로 특성방정식은 $\lambda^2+2\lambda+1=(\lambda+1)^2=0$이고 근은 $\lambda=-1$이다. 따라서 제차 선형미분방정식의 일반해는 $y_h=(A+Bx)e^{-x}$이다. $r(x)=e^{-x}+e^{-2x}\sin x$이므로 비제차 선형미분방정식의 특수해 $y_p=y_{p_1}+y_{p_2}$라 쓰고 $y_{p_1}=cx^2e^{-x}$ 그리고 $y_{p_2}=(c_1\sin x+c_2\cos x)e^{-2x}$을 선택한다. 미분하여 방정식에 대입하고 양변의 계수를 비교하면 $c=\frac{1}{2}$, $c_1=0$, $c_2=\frac{1}{2}$이므로 특수해는

$$y_p=\frac{1}{2}x^2e^{-x}+\frac{1}{2}e^{-2x}\cos x$$

이다. 따라서 주어진 비제차 선형미분방정식의 일반해는

$$y=y_h+y_p=Ae^{-x}+Bxe^{-x}+\frac{1}{2}x^2e^{-x}+\frac{1}{2}e^{-2x}\cos x$$

이다.

매개변수변환법

미정계수법을 사용하여 특수해 y_p를 구하기 위해서는 $r(x)$가 제한된다. 보다 일반적인 미분방정식에 대해서 특수해를 구하기 위해서 라그랑주(Lagrange)가 개발한 방법인 **매개변수변환법**(method of variation of parameter)을 이용할 것이다. 제차 선형미분방정식의 해 y_1과 y_2에 대하여 비제차 선형미분방정식의 특수해는

$$y_p(x) = -y_1\int \frac{y_2 r(x)}{W}dx + y_2\int \frac{y_1 r(x)}{W}dx \tag{2}$$

의 형태이다. 여기서 $W(y_1, y_2) = \begin{vmatrix} y_1 & y_2 \\ y_1' & y_2' \end{vmatrix}$ 이다.

또는

$$y_p(x) = y_1\int \frac{W_1}{W}r(x)\,dx + y_2\int \frac{W_2}{W}r(x)\,dx$$

의 형태로 사용된다. 여기서 $W(y_1, y_2) = \begin{vmatrix} y_1 & y_2 \\ y_1' & y_2' \end{vmatrix}$, $W_1 = \begin{vmatrix} 0 & y_2 \\ 1 & y_2' \end{vmatrix}$, $W_2 = \begin{vmatrix} y_1 & 0 \\ y_1' & 1 \end{vmatrix}$ 이다.

NOTE

❶ 방정식 (1)에서 y''을 첫 번째 항으로 가지는 표준형으로 시용하여야 한다.

❷ 식 (2)의 적분이 어려운 경우에는 미정계수법을 이용하는 것이 편리할 수 있다.

예제 5

미분방정식 $y'' - 4y' + 5y = e^{2x}\sec x$, $x \in \left(0, \frac{\pi}{2}\right)$의 해를 구하여라.

【풀이】

제차 선형미분방정식이 $y'' - 4y' + 5y = 0$이므로 특성방정식은 $\lambda^2 - 4\lambda + 5 = 0$이고 근은 $\lambda = 2 \pm i$이다. 따라서 제차 선형미분방정식의 일반해는 $y_h = e^{2x}(c_1\cos x + c_2\sin x)$이다. $y_1 = e^{2x}\cos x$, $y_2 = e^{2x}\sin x$라 두면, Wronskian

$$W(y_1, y_2) = \begin{vmatrix} e^{2x}\cos x & e^{2x}\sin x \\ e^{2x}(2\cos x - \sin x) & e^{2x}(2\sin x + \cos x) \end{vmatrix} = e^{4x}$$

을 얻는다. 식 (2)에 의해

$$\begin{aligned} y_p &= -e^{2x}\cos x\int \frac{e^{2x}\sin x}{e^{4x}}e^{2x}\sec x\,dx + e^{2x}\sin x\int \frac{e^{2x}\cos x}{e^{4x}}e^{2x}\sec x\,dx \\ &= e^{2x}\cos x\ln|\cos x| + e^{2x}x\sin x \end{aligned}$$

이다. 따라서 일반해는

$$y = y_h + y_p = (c_1 + \ln|\cos x|)e^{2x}\cos x + (c_2 + x)e^{2x}\sin x$$

이다.

예제 6

미분방정식 $x^2y'' - 2xy' + 2y = x^3 \ln x \ (x > 0)$의 해를 구하여라.

〖풀이〗

제차 선형미분방정식이 $x^2y'' - 2xy' + 2y = 0$이므로 보조방정식은 $m^2 - 3m + 2 = 0$이고 근은 $m = 1$, $m = 2$이다. 따라서 제차 선형미분방정식의 일반해는 $y_h = c_1x + c_2x^2$이다. $y_1 = x$, $y_2 = x^2$라 두면, Wronskian

$$W(y_1, y_2) = \begin{vmatrix} x & x^2 \\ 1 & 2x \end{vmatrix} = x^2$$

을 얻는다. 식 (2)에 의해

$$y_p = -x \int \frac{x^2}{x^2} x \ln x \, dx + x^2 \int \frac{x}{x^2} x \ln x dx = \frac{1}{2}x^3 \ln x - \frac{3}{4}x^3$$

이다. 따라서 일반해는

$$y = y_h + y_p = c_1x + c_2x^2 + \frac{1}{2}x^3 \ln x - \frac{3}{4}x^3$$

이다.

예제 7

미분방정식 $x^2y'' - 5xy' + 9y = x^2 \ (x > 0)$의 해를 구하여라.

〖풀이〗

제차 선형미분방정식이 $x^2y'' - 5xy' + 9y = x^2$ 이므로 보조방정식은 $m^2 - 6m + 9 = 0$이고 근은 이중근 $m = 3$이다. 따라서 제차 선형미분방정식의 일반해는 $y_h = c_1x^3 + c_2x^3 \ln x$이다.

$y_1 = x^3$, $y_2 = x^3 \ln x$라고 두면, Wronskian

$$W(y_1, y_2) = \begin{vmatrix} x^3 & x^3 \ln x \\ 3x^2 & 3x^2 \ln x + x^2 \end{vmatrix} = x^5$$

을 얻는다. 식 (2)에 의해

$$y_p = -x^3 \int \frac{x^3 \ln x}{x^5} dx + x^3 \ln x \int \frac{x^3}{x^5} dx = x^2$$

이다. 따라서 일반해는

$$y = y_h + y_p = c_1x^3 + c_2x^3 \ln x + x^2$$

이다.

매개변수변환법의 아이디어

제차 선형미분방정식의 일반해 y_1, y_2와 특수해 y_p는 모두 1차 독립이므로

$$\frac{y_p}{y_1} = u(x), \quad \frac{y_p}{y_2} = v(x)$$

이다. 따라서 선형성 원리에 의해 $y_p = uy_1 + vy_2$가 비제차 선형미분방정식의 특수해가 되도록 u와 v를 구할 것이다.

$y_p{}'$와 $y_p{}''$을 구하여 $y'' + p(x)y' + q(x)y = r(x)$에 대입하여 정리하면

$$\begin{aligned} u\left[y_1{}'' + py_1{}' + qy_1\right] + v\left[y_2{}'' + py_2{}' + qy_2\right] + u''y_1 + u'y_1{}' + v''y_2 + v'y_2{}' \\ + p\left[u'y_1 + v'y_2\right] + u'y_1{}' + v'y_2{}' = r \end{aligned}$$

이고

$$\frac{d}{dx}\left[u'y_1 + v'y_2\right] + p\left[u'y_1 + v'y_2\right] + u'y_1{}' + v'y_2{}' = r$$

이다. 이 식에서 조건

$$\begin{cases} y_1u' + y_2v' = 0 \\ y_1{}'u' + y_2{}'v' = r \end{cases}$$

을 만족하는 u, v를 구하면 된다. 크라머 공식을 사용하여 $u' = -\dfrac{y_2r}{W}$, $v' = \dfrac{y_1r}{W}$을 얻는다. 이 식을 적분하면

$$u = -\int \frac{y_2r}{W}\,dx, \quad v = \int \frac{y_1r}{W}\,dx$$

이다. 따라서 식 (2)가 유도된다.

NOTE

❶ 1계 비제차 선형미분방정식 $y' + p(x)y = r(x)$에서 일반해는

$$y = e^{-\int p(x)dx}\left[\int r(x)\,e^{\int p(x)dx}dx + c\right]$$

이다. 이 식은

$$y = ce^{-\int p(x)dx} + e^{-\int p(x)dx}\left[\int r(x)\,e^{\int p(x)dx}dx\right]$$

으로 쓸 수 있고, $ce^{-\int p(x)dx}$은 제차 선형미분방정식의 일반해 y_h이고 비제차 선형미분방정식의 특수해 y_p는

$$e^{-\int p(x)dx}\left[\int r(x)e^{\int p(x)dx}dx\right]$$

이다.

❷ 1계 제차 선형미분방정식 $y'+p(x)y=0$의 일반해 y_h에 대하여 비제차 선형미분방정식 $y'+p(x)y=r(x)$의 특수해 y_p는 $y_p=u(x)y_h$이다. $y'+p(x)y=r(x)$에 대입하여 정리하면 $u(y_h'+py_h)+u'y_h=r$이고 조건 $u'y_h=r$을 만족하는 u를 구한다. $u'=\dfrac{r}{y_h}$이므로

$$u=\int\frac{r}{y_h}dx=\int r(x)e^{\int p(x)dx}dx$$

이다. 따라서

$$y_p=e^{-\int p(x)dx}\left[\int r(x)e^{\int p(x)dx}dx\right]$$

이다.

연습문제 6.4

※ [문제 1~8] 다음 미분방정식을 미정계수법을 이용하여 풀어라.

1. $y'' + 4y = \cos 2x$

2. $y'' - 4y = 8\cos(\pi x)$

3. $y'' - 3y' + 7y = x - \cos(2x)$

4. $y'' + 2y' + y = -3e^{-x} + e^{-2x}\cos x + 2x^2$

5. $y'' - 6y' + 9y = 6x^2 + 2 - 12e^{3x}$

6. $y'' + y = x\sin x$

7. $y'' + 30y' + 225y = -10e^{-15x},\ y(0) = 1,\ y'(0) = 0$

8. $y'' - 4y' + 4y = 4e^{2x} + 8x^2 + e^{2x}\cos x,\ y(0) = 2,\ y'(0) = 3$

※ [문제 9~15] 다음 미분방정식을 매개변수변환법을 이용하여 풀어라.

9. $y'' + 3y' + 2y = e^x$

10. $y'' - 2y' + y = 35x^{\frac{3}{2}}e^x$

11. $y'' - 4y' + 5y = e^{2x}\csc x,\ x \in (0, \pi)$

12. $y'' - 3y' + 2y = \dfrac{1}{1+e^{-x}}$

13. $y'' - 4y' + 4y = (x+1)e^{2x}$

14. $x^2y'' + 7xy' + 5y = x^2$

15. $x^2y'' - 5xy' + 8y = 2\ln x + x^3 \ (x > 0)$

Chapter 07

연립 미분방정식

Systems of Differential Equations

물리적인 현상들이 연계가 되면 예를 들어 두 개 이상의 혼합 탱크 또는 용수철, 전기회로 망 등이 연결되어 있을 때, 수학적 모형은 연립 미분방정식으로 이루어진다. 이 장에서는 상수 계수를 가지는 연립 선형미분방정식의 해법에 대하여 알아본다. 또한 2계 미분방정식을 1계 연립 선형미분방정식으로 변환하여 해를 구하는 과정도 배울 것이다.

Chapter 07 연립 미분방정식

7.1 상수 계수를 갖는 제차 연립 선형미분방정식

이 절에서는 상수 계수를 갖는 1계 제차 연립 선형미분방정식 $\mathbf{y}' = A\mathbf{y}$에 대하여 다룬다. 연립 미분방정식의 풀이 과정에서는 미분방정식에 대한 성질들과 행렬의 성질이 이용된다.

1계 연립 미분방정식을 2계 선형미분방정식으로 변환

1계 연립 미분방정식의 해법으로 **소거법**(method of elimination)을 소개한다. 종속변수들 중에서 한 변수를 제외한 나머지 변수를 반복되는 미분으로 소거하여 2계 선형미분방정식으로 변환하여 해를 구하는 방법이다. 다음 예제를 통하여 이 방법을 살펴보자.

예제 1

연립 선형미분방정식 $\begin{cases} y_1' = 4y_1 + y_2 \\ y_2' = -y_1 + 2y_2 \end{cases}$의 해를 구하여라.

【풀이】

연립방정식은 두 개의 종속변수 y_1과 y_2를 포함하고 있기 때문에 하나를 소거하자. 두 번째 식에서 $y_2' + y_1 - 2y_2 = 0$이고, 미분하면 $y_2'' + y_1' - 2y_2' = 0$이다. 첫 번째 식을 대입하면

$$y_2'' + 4y_1 + y_2 - 2y_2' = 0 \tag{1}$$

이다. 다시 두 번째 식을 변환하여

$$y_1 = -y_2' + 2y_2 \tag{2}$$

을 (1)에 대입하면

$$y_2'' - 6y_2' + 9y_2 = 0$$

인 2계 제차 선형미분방정식을 얻는다. 2계 미분방정식의 특성방정식은 $\lambda^2 - 6\lambda + 9 = 0$이고 이중근 $\lambda = 3$이므로 $y_2 = c_1e^{3t} + c_2te^{3t}$ 이다. 그러면 식 (2)에서 $y_1 = (-c_1 - c_2)e^{3t} - c_2te^{3t}$이다.

2계 선형미분방정식을 1계 연립 선형미분방정식으로 변환

일반적인 형태의 2계 선형미분방정식은 적당한 치환을 통하여 1계 연립 선형미분방정식으로 변환이 가능하다. 이것은 단일 방정식의 모델들을 연립방정식의 모델로서 사용할 수 있기 때문에 중요한 변환이라 할 수 있다.

예제를 통하여 이 변환을 살펴보자.

예제 2

2계 선형미분방정식 $y'' + 4y = 0$을 1계 연립 선형미분방정식으로 변형하여라.

〖풀이〗

$y = y_1$, $y' = y_2$라 두면, $y_1' = y' = y_2$이고 $y_2' = y'' = -4y = -4y_1$ 이므로 주어진 2계 선형미분방정식은

$$\begin{cases} y_1' = y_2 \\ y_2' = -4y_1 \end{cases}$$

으로 변환된다.

행렬을 이용한 1계 연립 선형미분방정식 해법

1계 연립 선형미분방정식의 해법으로 연립 선형미분방정식에 대한 일반 이론과 상수 계수를 갖는 연립 선형미분방정식의 경우에는 행렬의 기본 성질을 이용하는 해법을 살펴본다.

1계 제차 연립 선형미분방정식

$$\begin{cases} {y_1}' = a_{11}y_1 + a_{12}y_2 \\ {y_2}' = a_{21}y_1 + a_{22}y_2 \end{cases} \quad \text{또는} \quad \begin{pmatrix} {y_1}' \\ {y_2}' \end{pmatrix} = \begin{pmatrix} a_{11} & a_{12} \\ a_{21} & a_{22} \end{pmatrix} \begin{pmatrix} y_1 \\ y_2 \end{pmatrix}$$

가 상수 계수를 가진다고 하자. $\boldsymbol{A} = \begin{pmatrix} a_{11} & a_{12} \\ a_{21} & a_{22} \end{pmatrix}$라 두면 1계 제차 연립 선형미분방정식은

$$\boldsymbol{y}' = \boldsymbol{A}\boldsymbol{y} \tag{3}$$

으로 표현할 수 있다. 1계 선형미분방정식 $y' = ky$는 $y = ce^{kt}$의 해를 가지므로 1계 제차 연립 선형미분방정식의 해로서

$$\boldsymbol{y} = \boldsymbol{x}e^{\lambda t} \tag{4}$$

으로 추측할 수 있다. 여기서 $\boldsymbol{x} = \begin{pmatrix} x_1 \\ x_2 \end{pmatrix}$, x_1, x_2 는 실수이다. $\boldsymbol{y}' = \lambda\boldsymbol{x}e^{\lambda t}$을 식 (3)에 대입하면 $\lambda\boldsymbol{x}e^{\lambda t} = \boldsymbol{A}\boldsymbol{y}$이고 $\lambda\boldsymbol{x}e^{\lambda t} = \boldsymbol{A}\boldsymbol{x}e^{\lambda t}$이므로 고윳값 문제

$$\boldsymbol{A}\boldsymbol{x} = \lambda\boldsymbol{x} \tag{5}$$

을 얻는다. 여기서 λ는 행렬 $\boldsymbol{A}$의 고윳값이고 $\boldsymbol{x}$는 λ에 대응하는 고유벡터이다.

고윳값 문제 (5)의 고윳값과 고유벡터에 따라서 다음 네 가지 경우로 분류할 수 있다.

경우 1 : 고윳값이 서로 다른 두 실근인 경우

경우 2 : 고윳값이 실중근이고 고유벡터가 2개(일차독립)인 경우

경우 3 : 고윳값이 허근인 경우

경우 4 : 고윳값이 실중근이고 고유벡터가 1개인 경우

각각의 경우에 대하여 예제를 통하여 알아보자.

예제 3

연립 선형미분방정식 $\begin{cases} y_1{}' = -4y_1 + 3y_2 \\ y_2{}' = -2y_1 + 3y_2 \end{cases}$ 의 해를 구하여라.

〖 풀이 〗

특성방정식 $\begin{vmatrix} -4-\lambda & 3 \\ -2 & 3-\lambda \end{vmatrix} = 0$을 만족하는 고윳값은 $\lambda_1 = 2, \lambda_2 = -3$이다.

고윳값 $\lambda_1 = 2$에 대응하는 고유벡터는 $\begin{pmatrix} -4-2 & 3 \\ -2 & 3-2 \end{pmatrix}\begin{pmatrix} x_1 \\ x_2 \end{pmatrix} = \begin{pmatrix} 0 \\ 0 \end{pmatrix}$ 에서 $\boldsymbol{x} = \begin{pmatrix} 1 \\ 2 \end{pmatrix}$이다.

고윳값 $\lambda_2 = -3$에 대응하는 고유벡터는 $\begin{pmatrix} -4+3 & 3 \\ -2 & 3+3 \end{pmatrix}\begin{pmatrix} x_1 \\ x_2 \end{pmatrix} = \begin{pmatrix} 0 \\ 0 \end{pmatrix}$에서 $\boldsymbol{x} = \begin{pmatrix} 3 \\ 1 \end{pmatrix}$이다. 그러므로 일반해는

$$\boldsymbol{y} = \begin{pmatrix} y_1 \\ y_2 \end{pmatrix} = c_1\begin{pmatrix} 1 \\ 2 \end{pmatrix}e^{2t} + c_2\begin{pmatrix} 3 \\ 1 \end{pmatrix}e^{-3t}$$

이다. 따라서 $y_1 = c_1e^{2t} + 3c_2e^{-3t}$, $y_2 = 2c_1e^{2t} + c_2e^{-3t}$이다.

예제 4

연립 선형미분방정식 $\begin{cases} y_1{}' = y_1 \\ y_2{}' = y_2 \end{cases}$ 의 해를 구하여라.

〖 풀이 〗

특성방정식 $\begin{vmatrix} 1-\lambda & 0 \\ 0 & 1-\lambda \end{vmatrix} = 0$을 만족하는 고윳값은 $\lambda_1 = \lambda_2 = 1$이다.

고윳값 $\lambda = 1$에 대응하는 고유벡터는 $\begin{pmatrix} 0 & 0 \\ 0 & 0 \end{pmatrix}\begin{pmatrix} x_1 \\ x_2 \end{pmatrix} = \begin{pmatrix} 0 \\ 0 \end{pmatrix}$ 에서 $\boldsymbol{x} = \begin{pmatrix} \alpha \\ \beta \end{pmatrix} = \alpha\begin{pmatrix} 1 \\ 0 \end{pmatrix} + \beta\begin{pmatrix} 0 \\ 1 \end{pmatrix}$ (α, β는 실수)이다. 그러므로 일반해

$$\boldsymbol{y} = \begin{pmatrix} y_1 \\ y_2 \end{pmatrix} = c_1\begin{pmatrix} 1 \\ 0 \end{pmatrix}e^{t} + c_2\begin{pmatrix} 0 \\ 1 \end{pmatrix}e^{t}$$

이다. 따라서 $y_1 = c_1e^{t}$, $y_2 = c_2e^{t}$이다.

예제 5

연립 선형미분방정식 $\begin{cases} y_1{}' = y_2 \\ y_2{}' = -2y_1 \end{cases}$ 의 해를 구하여라.

〘 풀이 〙

특성방정식 $\begin{vmatrix} -\lambda & 1 \\ -2 & -\lambda \end{vmatrix} = \lambda^2 + 2 = 0$을 만족하는 고윳값은 $\lambda = \pm\sqrt{2}i$이다.

고윳값 $\lambda = \sqrt{2}i$에 대응하는 고유벡터는 $\begin{pmatrix} -\sqrt{2}i & 1 \\ -2 & -\sqrt{2}i \end{pmatrix}\begin{pmatrix} x_1 \\ x_2 \end{pmatrix} = \begin{pmatrix} 0 \\ 0 \end{pmatrix}$ 에서 $\boldsymbol{x} = \begin{pmatrix} 1 \\ \sqrt{2}i \end{pmatrix}$이다.

고윳값 $\lambda = -\sqrt{2}i$에 대응하는 고유벡터는 $\begin{pmatrix} \sqrt{2}i & 1 \\ -2 & \sqrt{2}i \end{pmatrix}\begin{pmatrix} x_1 \\ x_2 \end{pmatrix} = \begin{pmatrix} 0 \\ 0 \end{pmatrix}$ 에서 $\boldsymbol{x} = \begin{pmatrix} 1 \\ -\sqrt{2}i \end{pmatrix}$ 이다. 그러므로 복소수 해는

$$\boldsymbol{y}^* = c_1\boldsymbol{y}_1{}^* + c_2\boldsymbol{y}_2{}^* = c_1\begin{pmatrix} 1 \\ \sqrt{2}i \end{pmatrix}e^{\sqrt{2}it} + c_2\begin{pmatrix} 1 \\ -\sqrt{2}i \end{pmatrix}e^{-\sqrt{2}it}$$

이다. 실수해는 선형성 원리와 Euler 공식에 의해

$$\boldsymbol{y} = \begin{pmatrix} y_1 \\ y_2 \end{pmatrix} = c_1\begin{pmatrix} \cos\sqrt{2}t \\ -\sqrt{2}\sin\sqrt{2}t \end{pmatrix} + c_2\begin{pmatrix} \sin\sqrt{2}t \\ \sqrt{2}\cos\sqrt{2}t \end{pmatrix}$$

이다. 따라서

$$y_1 = c_1\cos\sqrt{2}t + c_2\sin\sqrt{2}t,\ \ y_2 = -\sqrt{2}c_1\sin\sqrt{2}t + \sqrt{2}c_2\cos\sqrt{2}t$$

이다.

NOTE

❶ Euler 공식(Euler formula) : $e^{i\omega} = \cos\omega + i\sin\omega$

❷ 지수함수의 성질 : $e^z = e^{\alpha + i\omega} = e^{\alpha}e^{i\omega} = e^{\alpha}(\cos\omega + i\sin\omega)$

❸ 복소수 $z = x + iy$에서 $Re\,z = x = \dfrac{z+\bar{z}}{2}$이고 $Im\,z = y = \dfrac{z-\bar{z}}{2i}$이다.

❹ 복소수 해 $\boldsymbol{y}_1{}^* = \boldsymbol{x}e^{\lambda t}$, $\boldsymbol{y}_2{}^* = \bar{\boldsymbol{x}}e^{\bar{\lambda}t}$에서 선형성 원리에 의해 실수해는

$\boldsymbol{y}^{(1)} = \dfrac{\boldsymbol{x}e^{\lambda t} + \bar{\boldsymbol{x}}e^{\bar{\lambda}t}}{2}$, $\boldsymbol{y}^{(2)} = \dfrac{\boldsymbol{x}e^{\lambda t} - \bar{\boldsymbol{x}}e^{\bar{\lambda}t}}{2i}$ 또는 $\boldsymbol{y}^{(1)} = Re(\boldsymbol{x}e^{\lambda t})$, $\boldsymbol{y}^{(2)} = Im(\boldsymbol{x}e^{\lambda t})$

이다. 따라서 Euler 공식에 의해 실수 일반해

$\boldsymbol{y} = \begin{pmatrix} y_1 \\ y_2 \end{pmatrix} = c_1\boldsymbol{y}^{(1)} + c_2\boldsymbol{y}^{(2)}$

이다.

예제 6

연립 선형미분방정식 $\begin{cases} y_1{}' = -y_1 - y_2 \\ y_2{}' = y_1 - y_2 \end{cases}$ 의 해를 구하여라.

〖 풀이 〗

특성방정식 $\begin{vmatrix} -1-\lambda & -1 \\ 1 & -1-\lambda \end{vmatrix} = \lambda^2 + 2\lambda + 2 = 0$을 만족하는 고윳값은 $\lambda = -1 \pm i$이다.

고윳값 $\lambda = -1 + i$에 대응하는 고유벡터는 $\begin{pmatrix} -i & -1 \\ 1 & -i \end{pmatrix}\begin{pmatrix} x_1 \\ x_2 \end{pmatrix} = \begin{pmatrix} 0 \\ 0 \end{pmatrix}$ 에서 $\boldsymbol{x} = \begin{pmatrix} 1 \\ -i \end{pmatrix}$이다.

고윳값 $\lambda = -1 - i$에 대응하는 고유벡터는 $\begin{pmatrix} i & -1 \\ 1 & i \end{pmatrix}\begin{pmatrix} x_1 \\ x_2 \end{pmatrix} = \begin{pmatrix} 0 \\ 0 \end{pmatrix}$ 에서 $\boldsymbol{x} = \begin{pmatrix} 1 \\ i \end{pmatrix}$이다.

따라서 복소수 해는

$$\boldsymbol{y}^* = c_1 \boldsymbol{y}_1{}^* + c_2 \boldsymbol{y}_2{}^* = c_1 \begin{pmatrix} 1 \\ -i \end{pmatrix} e^{(-1+i)t} + c_2 \begin{pmatrix} 1 \\ i \end{pmatrix} e^{(-1-i)t}$$

이다.

$$\begin{pmatrix} 1 \\ -i \end{pmatrix} e^{(-1+i)t} = \left[\begin{pmatrix} 1 \\ 0 \end{pmatrix} + i \begin{pmatrix} 0 \\ -1 \end{pmatrix} \right] e^{-t} (\cos t + i \sin t) = \begin{pmatrix} e^{-t}\cos t \\ e^{-t}\sin t \end{pmatrix} + i \begin{pmatrix} e^{-t}\sin t \\ -e^{-t}\cos t \end{pmatrix}$$

이고

$$\begin{pmatrix} 1 \\ i \end{pmatrix} e^{(-1-i)t} = \left[\begin{pmatrix} 1 \\ 0 \end{pmatrix} - i \begin{pmatrix} 0 \\ -1 \end{pmatrix} \right] e^{-t} (\cos t - \sin t) = \begin{pmatrix} e^{-t}\cos t \\ e^{-t}\sin t \end{pmatrix} - i \begin{pmatrix} e^{-t}\sin t \\ -e^{-t}\cos t \end{pmatrix}$$

이다.

$$Re \begin{pmatrix} 1 \\ -i \end{pmatrix} e^{(-1+i)t} = \begin{pmatrix} e^{-t}\cos t \\ e^{-t}\sin t \end{pmatrix}, \quad Im \begin{pmatrix} 1 \\ -i \end{pmatrix} e^{(-1+i)t} = \begin{pmatrix} e^{-t}\sin t \\ -e^{-t}\cos t \end{pmatrix}$$

이므로 실수해는

$$\boldsymbol{y} = \begin{pmatrix} y_1 \\ y_2 \end{pmatrix} = c_1 \boldsymbol{y}^{(1)} + c_2 \boldsymbol{y}^{(2)} = c_1 \begin{pmatrix} e^{-t}\cos t \\ e^{-t}\sin t \end{pmatrix} + c_2 \begin{pmatrix} e^{-t}\sin t \\ -e^{-t}\cos t \end{pmatrix}$$

이다. 따라서

$$y_1 = c_1 e^{-t}\cos t + c_2 e^{-t}\sin t, \quad y_2 = c_1 e^{-t}\sin t - c_2 e^{-t}\cos t$$

이다.

NOTE

복소수 해는 서로 공액복소수 관계이므로 하나의 복소수 해를 구해서 일반해를 유추할 수 있다.

예제 7

연립 선형미분방정식 $\begin{cases} y_1{}' = 4y_1 + y_2 \\ y_2{}' = -y_1 + 2y_2 \end{cases}$ 의 해를 구하여라.

〖 풀이 〗

특성방정식은 $\begin{vmatrix} 4-\lambda & 1 \\ -1 & 2-\lambda \end{vmatrix} = \lambda^2 - 6\lambda + 9 = (\lambda-3)^2 = 0$이고 이중근 $\lambda = 3$이다. $\lambda = 3$에 대응하는 고유벡터는 $\boldsymbol{x} = \begin{pmatrix} 1 \\ -1 \end{pmatrix}$이므로 $\boldsymbol{y}^{(1)} = \begin{pmatrix} 1 \\ -1 \end{pmatrix} e^{3t}$이다. $\boldsymbol{y}^{(2)}$를 얻기 위해

$$\boldsymbol{y}^{(2)} = \boldsymbol{x} t e^{\lambda t} + \boldsymbol{u} e^{\lambda t} = \left[\begin{pmatrix} 1 \\ -1 \end{pmatrix} t + \begin{pmatrix} u_1 \\ u_2 \end{pmatrix} \right] e^{3t}$$

라 두자. $\boldsymbol{y}^{(2)\prime} = A\boldsymbol{y}^{(2)}$에 의해 정리하면 $\boldsymbol{x} + \lambda\boldsymbol{u} = A\boldsymbol{u}$이므로 $\begin{pmatrix} 1+3u_1 \\ -1+3u_2 \end{pmatrix} = \begin{pmatrix} 4u_1 + u_2 \\ -u_1 + 2u_2 \end{pmatrix}$이다. 따라서 $\boldsymbol{x} = \begin{pmatrix} 1 \\ -1 \end{pmatrix}$와 1차 독립인 벡터 $\boldsymbol{u} = \begin{pmatrix} 0 \\ 1 \end{pmatrix}$을 얻는다. 그러므로 $\boldsymbol{y}^{(2)} = \begin{pmatrix} 1 \\ -1 \end{pmatrix} te^{3t} + \begin{pmatrix} 0 \\ 1 \end{pmatrix} e^{3t}$이고 일반해 $\boldsymbol{y} = c_1 \begin{pmatrix} 1 \\ -1 \end{pmatrix} e^{3t} + c_2 \left[\begin{pmatrix} 1 \\ -1 \end{pmatrix} t + \begin{pmatrix} 0 \\ 1 \end{pmatrix} \right] e^{3t}$이다. 따라서

$$y_1 = c_1 e^{3t} + c_2 te^{3t}, \; y_2 = -c_1 e^{3t} - c_2 te^{3t} + c_2 e^{3t}$$

이다.

NOTE

❶ $\boldsymbol{y}^{(2)\prime} = \boldsymbol{x} e^{\lambda t} + \lambda \boldsymbol{x} te^{\lambda t} + \lambda \boldsymbol{u} e^{\lambda t}$이고 $A\boldsymbol{y}^{(2)} = A\boldsymbol{x} te^{\lambda t} + A\boldsymbol{u} e^{\lambda t}$이다. 따라서 $A\boldsymbol{x} = \lambda \boldsymbol{x}$를 $\boldsymbol{x} e^{\lambda t} + \lambda \boldsymbol{x} te^{\lambda t} + \lambda \boldsymbol{u} e^{\lambda t} = A\boldsymbol{x} te^{\lambda t} + A\boldsymbol{u} e^{\lambda t}$에 적용하면 $\boldsymbol{x} + \lambda \boldsymbol{u} = A\boldsymbol{u}$를 얻는다.

❷ 2계 상미분방정식의 특성방정식이 이중근인 경우처럼 $\boldsymbol{y}^{(2)} = \boldsymbol{x} te^{\lambda t}$만 사용하면 충분하지 않다.

❸ 다른 풀이 방법을 소개하면 이중근 $\lambda = 3$이므로 $y_1 = (c_1 + tc_2)e^{3t}$이다. $y_1{}' = 4y_1 + y_2$에 대입하면 $y_2 = (-c_1 + c_2)e^{3t} - c_2 te^{3t}$을 얻는다.

연습문제 7.1

※ [문제 1~5] 다음 연립 선형미분방정식의 해를 구하여라.

1. $\begin{cases} y_1' = 4y_1 - y_2 \\ y_2' = -y_1 + 2y_2 \end{cases}$

2. $\begin{cases} y_1' = y_2 \\ y_2' = -4y_1 \end{cases}$

3. $\begin{cases} y_1' = -8y_1 - 2y_2 \\ y_2' = 2y_1 - 4y_2 \end{cases}$

4. $\begin{cases} y_1' = 8y_1 - y_2 \\ y_2' = y_1 + 10y_2 \end{cases}$

5. $\begin{cases} y_1' = 2y_1 - y_2 \\ y_2' = y_1 + 4y_2 \end{cases}$

6. 초깃값 문제 $\begin{cases} y_1' = -y_1 - y_2 \\ y_2' = y_1 - y_2 \end{cases}$, $y_1(0) = 1, y_2(0) = 0$의 해를 구하여라.

※ [문제 7~8] 2계 선형미분방정식을 1계 연립 선형미분방정식으로 변형하고, 이것을 이용하여 일반해를 구하여라.

7. $y'' + 6y' + 5y = 0$

8. $y'' + y = 0$

9. 2계 선형미분방정식 $y'' + 4y = 0$, $y(0) = 1, y'(0) = -2$을 1계 연립 선형미분방정식으로 변형하고, 이것을 이용하여 초깃값 문제의 해를 구하여라.

7.2 상수 계수를 갖는 비제차 연립 선형미분방정식

이 절에서는 상수 계수를 갖는 1계 비제차 연립 선형미분방정식

$$\boldsymbol{y}' = \boldsymbol{A}\boldsymbol{y} + \boldsymbol{g} \tag{1}$$

을 푸는 방법을 다룬다. 여기서 $\boldsymbol{g}$는 항등적으로 $\boldsymbol{0}$은 아니다.

NOTE

❶ (1)을 푸는 방법으로 6.4절에서와 같이 미정계수법과 매개변수변환법이 있다.

❷ (1)의 해는 6.4절에서와 유사한 $\boldsymbol{y} = \boldsymbol{y}^{(h)} + \boldsymbol{y}^{(p)}$의 형태를 가진다.

미정계수법

미정계수법은 6.4절과 같은 방법을 적용한다. 즉 $\boldsymbol{g}$의 형태에 따라서 특수해 $\boldsymbol{y}^{(p)}$를 적절히 선택하면 된다. 또한 미정계수법에 대한 선택 규칙도 (a) 기본규칙 (b) 변형규칙 (c) 합규칙이 있다. 예제를 통하여 내용을 알아보자.

예제 1

비제차 연립 선형미분방정식 $\begin{cases} y_1' = 2y_1 - 4y_2 + 2t^2 + 10t \\ y_2' = y_1 - 3y_2 + t^2 + 9t + 3 \end{cases}$ 의 해를 구하여라.

[풀이]

먼저 제차 연립 선형미분방정식 $\begin{cases} y_1' = 2y_1 - 4y_2 \\ y_2' = y_1 - 3y_2 \end{cases}$ 의 일반해 $\boldsymbol{y}^{(h)}$을 구하자.

특성방정식 $\begin{vmatrix} 2-\lambda & -4 \\ 1 & -3-\lambda \end{vmatrix} = 0$에서 $\lambda_1 = 1,\ \lambda_2 = -2$이다. 각 고윳값에 대응하는 고유벡터는

$\lambda_1 = 1$일 때 $\boldsymbol{x} = \begin{pmatrix} 4 \\ 1 \end{pmatrix}$ 이고 $\lambda_2 = -2$일 때 $\boldsymbol{x} = \begin{pmatrix} 1 \\ 1 \end{pmatrix}$ 이다. 따라서

$$\boldsymbol{y}^{(h)} = c_1\begin{pmatrix}4\\1\end{pmatrix}e^{t} + c_2\begin{pmatrix}1\\1\end{pmatrix}e^{-2t}$$

이다.

$g(t)=\begin{cases}2t^2+10t\\ \\ t^2+9t+3\end{cases}$ 이므로 비제차 연립 선형미분방정식의 특수해로

$$\boldsymbol{y}^{(p)} = \boldsymbol{u}+\boldsymbol{v}t+\boldsymbol{w}t^2$$

라 두자. 여기서 $\boldsymbol{u}=\begin{pmatrix}u_1\\u_2\end{pmatrix}$, $\boldsymbol{v}=\begin{pmatrix}v_1\\v_2\end{pmatrix}$, $\boldsymbol{w}=\begin{pmatrix}w_1\\w_2\end{pmatrix}$ 이다.

$\boldsymbol{y}^{(p)\prime} = \boldsymbol{v}+2\boldsymbol{w}t$이므로 $\boldsymbol{y}^{(p)\prime}= \boldsymbol{A}\boldsymbol{y}^{(p)}+\boldsymbol{g}$에 대입하면

$$\boldsymbol{v}+2\boldsymbol{w}t= \boldsymbol{A}\boldsymbol{u}+\boldsymbol{A}\boldsymbol{v}t+\boldsymbol{A}\boldsymbol{w}t^2+\boldsymbol{g}$$

이다. 양변을 비교하면 $\boldsymbol{u}=\begin{pmatrix}0\\0\end{pmatrix}$, $\boldsymbol{v}=\begin{pmatrix}0\\3\end{pmatrix}$, $\boldsymbol{w}=\begin{pmatrix}-1\\0\end{pmatrix}$ 이므로 $\boldsymbol{y}^{(p)} = \begin{pmatrix}0\\0\end{pmatrix}+\begin{pmatrix}0\\3\end{pmatrix}t+\begin{pmatrix}-1\\0\end{pmatrix}t^2$ 이다. 따라서 비제차 연립 선형미분방정식의 일반해는

$$\boldsymbol{y} = \boldsymbol{y}^{(h)}+\boldsymbol{y}^{(p)}= c_1\begin{pmatrix}4\\1\end{pmatrix}e^{t} + c_2\begin{pmatrix}1\\1\end{pmatrix}c^{-2t}+\begin{pmatrix}0\\3\end{pmatrix}t+\begin{pmatrix}-1\\0\end{pmatrix}t^2$$

이다.

예제 2

비제차 연립 선형미분방정식 $\begin{cases}y_1{}' = y_2+e^{-t}\\ \\ y_2{}' = y_1-3e^{-t}\end{cases}$의 해를 구하여라.

〖 풀이 〗

먼저 제차 연립 선형미분방정식 $\begin{cases}y_1{}' = y_2\\ \\ y_2{}' = y_1\end{cases}$의 일반해 $\boldsymbol{y}^{(h)}$을 구하자.

특성방정식 $\begin{vmatrix}-\lambda & 1\\ 1 & -\lambda\end{vmatrix} = \lambda^2-1=0$에서 $\lambda = \pm 1$이다. 각 고윳값에 대응하는 고유벡터는

$\lambda_1 = 1$일 때 $\boldsymbol{x}=\begin{pmatrix}1\\1\end{pmatrix}$이고 $\lambda_2 = -1$일 때 $\boldsymbol{x}=\begin{pmatrix}1\\-1\end{pmatrix}$이다. 따라서

$$y^{(h)} = c_1\begin{pmatrix}1\\1\end{pmatrix}e^{t} + c_2\begin{pmatrix}1\\-1\end{pmatrix}e^{-t}$$

이다.

$g(t) = \begin{pmatrix}1\\-3\end{pmatrix}e^{-t}$ 이고 $y^{(h)}$에 e^{-t}가 있으므로 비제차 선형미분방정식의 특수해로

$$y^{(p)} = ute^{-t} + ve^{-t}$$

을 시도해 보자. 여기서 $u = \begin{pmatrix}u_1\\u_2\end{pmatrix}$, $v = \begin{pmatrix}v_1\\v_2\end{pmatrix}$ 이다.

$y^{(p)\prime} = ue^{-t} - ute^{-t} - ve^{-t}$ 이므로 $y^{(p)\prime} = Ay^{(p)} + g$에 대입하면

$$ue^{-t} - ute^{-t} - ve^{-t} = Aute^{-t} + Ave^{-t} + g$$

이다. 양변을 비교하면

(i) $Au = -u$ (ii) $u - v = Av + \begin{pmatrix}1\\-3\end{pmatrix}$

이 성립하여야 한다.

(i)에서 u는 $\lambda = -1$에 대응하는 고유벡터이므로 $u = k\begin{pmatrix}1\\-1\end{pmatrix}$ $(k \neq 0)$이다.

(ii)에서 $k\begin{pmatrix}1\\-1\end{pmatrix} - \begin{pmatrix}v_1\\v_2\end{pmatrix} = \begin{pmatrix}0&1\\1&0\end{pmatrix}\begin{pmatrix}v_1\\v_2\end{pmatrix} + \begin{pmatrix}1\\-3\end{pmatrix}$이므로 $k - v_1 = v_2 + 1$, $-k - v_2 = v_1 - 3$

이다. 연립하여 이 식을 풀면 $k = 2$이므로 $v_1 + v_2 = 1$이다. $v = \begin{pmatrix}v_1\\v_2\end{pmatrix} = \begin{pmatrix}c\\1-c\end{pmatrix}$ $(c \neq 0)$이고

특수해는

$$y^{(p)} = \begin{pmatrix}2\\-2\end{pmatrix}te^{-t} + \begin{pmatrix}c\\1-c\end{pmatrix}e^{-t}$$

이다. 간단하게 $c = 0$라 하면 $y^{(p)} = \begin{pmatrix}2\\-2\end{pmatrix}te^{-t} + \begin{pmatrix}0\\1\end{pmatrix}e^{-t}$이다. 따라서 비제차 연립 선형미분방정식의 일반해는

$$y = y^{(h)} + y^{(p)} = c_1\begin{pmatrix}1\\1\end{pmatrix}e^{t} + c_2\begin{pmatrix}1\\-1\end{pmatrix}e^{-t} + \begin{pmatrix}2\\-2\end{pmatrix}te^{-t} + \begin{pmatrix}0\\1\end{pmatrix}e^{-t}$$

이다.

NOTE

$c = 1$라 하면 $y^{(p)} = \begin{pmatrix}2\\-2\end{pmatrix}te^{-t} + \begin{pmatrix}1\\0\end{pmatrix}e^{-t}$이다. 따라서 비제차 연립 선형미분방정식의 다른 일반해 $y = y^{(h)} + y^{(p)} = c_1\begin{pmatrix}1\\1\end{pmatrix}e^{t} + c_2\begin{pmatrix}1\\-1\end{pmatrix}e^{-t} + \begin{pmatrix}2\\-2\end{pmatrix}te^{-t} + \begin{pmatrix}1\\0\end{pmatrix}e^{-t}$을 얻는다.

매개변수변환법

이 방법은 6.4절의 매개변수변환법과 같이 일반적인 $g(t)$를 갖는 비제차 연립 선형미분방정식에 적용된다.

예제를 이용하여 이 방법을 살펴보자.

예제 3

비제차 연립 선형미분방정식 $\begin{cases} y_1{}' = -4y_1 + 2y_2 + \dfrac{1}{t} \\ y_2{}' = 2y_1 - y_2 + 4 + \dfrac{2}{t} \end{cases}$ $(t>0)$의 해를 구하여라.

〖풀이〗

먼저 제차 연립 선형미분방정식 $\begin{cases} y_1{}' = -4y_1 + 2y_2 \\ y_2{}' = 2y_1 - y_2 + 4 \end{cases}$의 일반해 $\boldsymbol{y}^{(h)}$을 구하자.

특성방정식 $\begin{vmatrix} -4-\lambda & 2 \\ 2 & -1-\lambda \end{vmatrix} = \lambda^2 + 5\lambda = 0$에서 $\lambda_1 = 0,\ \lambda_2 = -5$이다. 각 고윳값에 대응하는 고유벡터는 $\lambda_1 = 0$일 때 $\boldsymbol{x} = \begin{pmatrix} 1 \\ 2 \end{pmatrix}$이고 $\lambda_2 = -5$일 때 $\boldsymbol{x} = \begin{pmatrix} 2 \\ -1 \end{pmatrix}$이다. 따라서

$$\boldsymbol{y}^{(h)} = c_1 \begin{pmatrix} 1 \\ 2 \end{pmatrix} + c_2 \begin{pmatrix} 2 \\ -1 \end{pmatrix} e^{-5t}$$

이다.

비제차 연립 선형미분방정식의 특수해를

$$\boldsymbol{y}^{(p)} = \boldsymbol{Y}(t)\boldsymbol{u}(t) \tag{2}$$

라 두자. 여기서 $\boldsymbol{Y}(t) = \begin{pmatrix} 1 & 2e^{-5t} \\ 2 & -e^{-5t} \end{pmatrix}$, $\boldsymbol{u}(t) = \begin{pmatrix} u_1(t) \\ u_2(t) \end{pmatrix}$이다.

(2)을 $\boldsymbol{y}' = \boldsymbol{A}\boldsymbol{y} + \boldsymbol{g}$에 대입하여 정리하면

$$\boldsymbol{u}(t) = \int_0^t \boldsymbol{Y}(\tilde{t})^{-1} \boldsymbol{g}(\tilde{t})\, d\tilde{t}$$

이고, 이 식을 이용하면 $\boldsymbol{y}^{(p)}$을 얻을 수 있다.

벡터함수 적분과 $Y^{-1}(t)=\begin{pmatrix}\frac{1}{5} & \frac{2}{5}\\ \frac{2}{5}e^{5t} & -\frac{1}{5}e^{5t}\end{pmatrix}$에 의해 $u(t)=\begin{pmatrix}\ln t+\frac{8}{5}t\\ -\frac{4}{25}e^{5t}\end{pmatrix}$이므로

$$y^{(p)}=\begin{pmatrix}1 & 2e^{-5t}\\ 2 & -e^{-5t}\end{pmatrix}\begin{pmatrix}\ln t+\frac{8}{5}t\\ -\frac{4}{25}e^{5t}\end{pmatrix}=\begin{pmatrix}1\\ 2\end{pmatrix}\ln t+\begin{pmatrix}\frac{8}{5}\\ \frac{16}{5}\end{pmatrix}t+\begin{pmatrix}-\frac{8}{25}\\ \frac{4}{25}\end{pmatrix}$$

이다. 따라서 비제차 연립 선형미분방정식의 일반해는

$$y=y^{(h)}+y^{(p)}=c_1\begin{pmatrix}1\\ 2\end{pmatrix}+c_2\begin{pmatrix}2\\ -1\end{pmatrix}e^{-5t}+\begin{pmatrix}1\\ 2\end{pmatrix}\ln t+\begin{pmatrix}\frac{8}{5}\\ \frac{16}{5}\end{pmatrix}t+\begin{pmatrix}-\frac{8}{25}\\ \frac{4}{25}\end{pmatrix}+\begin{pmatrix}0\\ 3\end{pmatrix}t+\begin{pmatrix}-1\\ 0\end{pmatrix}t^2$$

이다.

예제 4

비제차 연립 선형미분방정식 $\begin{cases}y_1'=-3y_1+y_2+4e^{-4t}\\ y_2'=y_1-3y_2-2e^{-4t}\end{cases}$ 의 해를 구하여라.

【 풀이 】

먼저 제차 연립 선형미분방정식 $\begin{cases}y_1'=-3y_1+y_2\\ y_2'=y_1-3y_2\end{cases}$ 의 일반해 $y^{(h)}$을 구하자.

특성방정식 $\begin{vmatrix}-3-\lambda & 1\\ 1 & -3-\lambda\end{vmatrix}=\lambda^2+6\lambda+8=0$에서 $\lambda_1=-2$, $\lambda_2=-4$이다. 각 고윳값에 대응하는 고유벡터는 $\lambda_1=-2$일 때 $x=\begin{pmatrix}1\\ 1\end{pmatrix}$ 이고 $\lambda_2=-4$일 때 $x=\begin{pmatrix}1\\ -1\end{pmatrix}$ 이다. 따라서

$y^{(h)}=c_1\begin{pmatrix}1\\ 1\end{pmatrix}e^{-2t}+c_2\begin{pmatrix}1\\ -1\end{pmatrix}e^{-4t}$이다.

$Y(t)=\begin{pmatrix}e^{-2t} & e^{-4t}\\ e^{-2t} & -e^{-4t}\end{pmatrix}$이고 $Y^{-1}(t)=\frac{1}{2}\begin{pmatrix}e^{2t} & e^{2t}\\ e^{4t} & -e^{4t}\end{pmatrix}$이므로 $u'=Y^{-1}g=\begin{pmatrix}e^{-2t}\\ 3\end{pmatrix}$이다.

$u(t)=\int_0^t\begin{pmatrix}e^{-2\tilde{t}}\\ 3\end{pmatrix}d\tilde{t}$에 의해 $u(t)=\begin{pmatrix}-\frac{1}{2}e^{-2t}+\frac{1}{2}\\ 3t\end{pmatrix}$이므로

$$y^{(p)}=\begin{pmatrix}\frac{1}{2}\\ \frac{1}{2}\end{pmatrix}e^{-2t}+\begin{pmatrix}3t-\frac{1}{2}\\ -3t-\frac{1}{2}\end{pmatrix}e^{-4t}$$ 이다. 따라서 비제차 연립 선형미분방정식의 일반해는

$$y=y^{(h)}+y^{(p)}=c_1\begin{pmatrix}1\\1\end{pmatrix}e^{-2t}+c_2\begin{pmatrix}1\\-1\end{pmatrix}e^{-4t}+3\begin{pmatrix}1\\-1\end{pmatrix}te^{-4t}-\frac{1}{2}\begin{pmatrix}1\\1\end{pmatrix}e^{-4t}$$

이 된다.

NOTE

❶ 예제 4에서 $y^{(p)}$의 첫 번째 항은 $y^{(h)}$의 첫 번째 항에 흡수되므로 적분 $u(t)=\int\begin{pmatrix}e^{-2t}\\3\end{pmatrix}dt$으로 $u(t)$를 구해도 된다.

❷ $Y(t)=\begin{pmatrix}y^{(1)} & y^{(2)}\end{pmatrix}_{2\times 2}$ 는 $y^{(h)}$으로 이루어진 2×2행렬이다.

❸ $y^{(p)}$는 $y^{(h)}$와 1차 독립의 해이므로 $y^{(p)}=Y(t)u(t)$으로 이루어진다.

❹ $y^{(p)}=Y(t)u(t)$을 미분하여 $y'=Ay+g$에 대입하면

$Y'u+Yu'=AYu+g \Rightarrow Yu'=g$

이므로 $u'=Y^{-1}g$이다. 따라서 $u(t)=\int_0^t Y(\tilde{t})^{-1}g(\tilde{t})d\tilde{t}$에 의해 $y^{(p)}=Y(t)u(t)$을 얻을 수 있다.

연습문제 7.2

※ [문제 1~3] 미정계수법을 이용하여 다음 비제차 연립 선형미분방정식의 해를 구하여라.

1. $\begin{cases} y_1' = 4y_1 + 3y_2 - 2t \\ y_2' = -2y_1 - y_2 + t \end{cases}$

2. $\begin{cases} y_1' = y_1 + y_2 + 2\cos t \\ y_2' = 3y_1 - y_2 - 2\sin t \end{cases}$

3. $\begin{cases} y_1' = 4y_1 - 8y_2 + 2\cosh t \\ y_2' = 2y_1 - 6y_2 + \cosh t + 2\sinh t \end{cases}$

※ [문제 4~7] 매개변수변환법을 이용하여 다음 비제차 연립 선형미분방정식의 해를 구하여라.

4. $\begin{cases} y_1' = -3y_1 + y_2 - 6e^{-2t} \\ y_2' = y_1 - 3y_2 + 2e^{-2t} \end{cases}$

5. $\begin{cases} y_1' = y_1 + e^{t} \\ y_2' = 2y_1 - y_2 + e^{-t} \end{cases}$

6. $\begin{cases} y_1' = -3y_1 + 2y_2 + e^{-4t} \\ y_2' = y_1 - 2y_2 + 3t \end{cases}$

7. $\begin{cases} y_1' = y_1 + e^{t} - t \\ y_2' = 2y_1 - y_2 + 1 + t \end{cases}$

Chapter 08

자연계열 수리모델링

Natural Science Mathematical Modeling

수리모델링이란 실제 현상을 수학적으로 분석한 후 해를 구하고 수학적 해를 통해 현상을 검증하며 예측하는 것이다. 이 장에서는 미분방정식을 통해 다양한 자연계열에 관련된 현상을 수학적 모형으로 만들고 그 해를 찾아 다양한 예측과 분석을 할 것이다. 인구 증가에 대한 기본 모델인 맬서스 인구 증가 모델을 소개하고 고유물의 연대를 측정할 수 있는 탄소 연대 측정 모델을 살펴본다. 방 안의 온도 또는 물체의 온도에 대한 뉴턴의 냉각법칙 모델, 어류 또는 동물의 개체 수를 예측할 수 있는 수확 모델, 용기에 담겨있는 용액에 대한 혼합 용액 모델에 대하여 자세히 알아본다.

Chapter 08 자연계열 수리모델링

8.1 맬서스 인구 증가 모델

현실 세계의 현상을 수학적으로 수치화하여 미래에 대한 예측해 보자. 먼저 문제를 변수, 함수, 방정식 등을 통하여 수학식으로 공식화한다. 공식화된 식을 주어진 문제의 **수리모델**(mathematical model)이라 한다. 모델을 세우고, 이 모델을 수학적으로 풀고, 해결된 결과를 해석하는 과정을 **수리모델링**(mathematical modeling)이라 한다.

이 절에서는 이와 같이 어떤 현상을 통하여 미래의 상황을 예측하기 위해 먼저 수학적으로 표현하고 표현된 모델을 해결하고, 미래를 예측하는 과정을 살펴본다.

수리모델링을 위한 단계는 다음과 같다.

수리모델링의 단계

1. 현상을 설명하는 데 필요한 변수를 선택한다.
2. 관찰을 통하여 필요한 가정 또는 가설을 세운다.
3. 변수 사이의 관계식을 수립한다.
4. 수학적 기법을 통하여 관계식을 분석하여 해를 구한다.
5. 알려진 사실 또는 실험 결과와 비교하여 그 해를 검증한다.

위와 같이 수리모델링을 하기 위해서는 다음 사항에 유의하여야 한다.

수리모델링의 유의 사항

1. 실제 현상을 충분히 설명할 수 있도록 가능한 한 정확한 모형을 만들어야 한다.
2. 수학적인 분석이 가능하도록 가능한 한 간단한 모형을 만들어야 한다.

이 두 가지의 상반되는 요구를 적절히 절충하는 것이 수학적 모형화에 있어서 매우 중요한 과제가 된다. 왜냐하면 수학적 모형이 실제 현상을 충분히 설명할 정도로 정교하다면 수학적 해를 구하는 것이 어려워질 수 있고 반대로 수학적 모형이 너무 단순하면 수학적 해를 구하는 것은 쉬우나 현상을 제대로 분석하지 못하여 예측을 제대로 할 수 없는 경우가 발생하기 때문이다.

보통 실제 현상을 수학적으로 분석할 때 미분방정식으로 표현하고 그 미분방정식의 해를 찾아 현상을 예측한다. 실제 현상을 수학적으로 어떻게 표현하는지 다음 예제를 통하여 알아보자.

예제 1

다음 현상을 미분방정식으로 표현하여라.

(1) 시간에 따른 방사능 물질 A의 변화량은 자신의 양에 비례한다.

(2) 어느 도시의 고정된 인구 N에 대하여 소문을 들은 사람 수 P의 변화율은 아직 소문을 듣지 못한 사람의 수에 비례한다.

(3) 어느 도시의 고정된 인구 N에 대하여 전염병에 감염된 사람의 수 P의 변화율은 이미 전염병에 감염된 사람의 수와 전염병에 감염되지 않은 사람의 수의 곱에 비례한다.

〖풀이〗

(1) 시간에 따른 방사능 물질의 양을 $A(t)$라 하자. 방사능 물질의 변화량은 자신의 양에 비례한다는 가설에 의해 비례 상수를 k라 두면 관계식

$$\frac{dA(t)}{dt} = kA(t)$$

을 얻는다.

(2) t 시간 후 소문을 들은 사람 수를 $P(t)$라 하자. 소문을 들은 사람 수의 변화율은 아직 소문을 듣지 못한 사람의 수에 비례한다는 가설에 의해 소문을 듣지 못한 사람의 수는 $N-P(t)$이므로 비례 상수를 k라 두면 관계식

$$\frac{dP(t)}{dt} = k(N-P(t))$$

을 얻는다.

(3) t 시간 후 전염병에 감염된 사람의 수를 $P(t)$라 하자. 감염된 사람의 수 P의 변화율은 전염병에 감염된 사람의 수 $P(t)$와 전염병에 감염되지 않은 사람의 수 $N-P(t)$의 곱에 비례한다는 가설에 의해 비례 상수를 k라 두면 관계식

$$\frac{dP(t)}{dt}=kP(t)(N-P(t))$$

을 얻는다.

맬서스 인구 증가 모델

이상적인 상황에서 인구 증가율은 그 당시에 있는 인구수에 비례한다. 따라서 인구수를 y, 인구 증가율을 k, 시간을 t라 할 때 인구 증가에 대한 수리 모델

$$\frac{dy}{dt}=ky \tag{1}$$

을 얻는다. 미분방정식 (1)의 해를 구해보면 변수분리법에 의해

$$\frac{dy}{y}=kdt$$

$$\int\frac{1}{y}dy=\int kdt$$

$$\ln y=kt+c$$

$$y=e^{kt+c}=e^{c}e^{kt}=ae^{kt}\ \ (\text{단, } a=e^{c}) \tag{2}$$

이다.

이 모델에 따르면 인구는 기하급수적으로 증가하는데 짧은 기간이나 인구 수가 작을 때 예측 가능한 모델이다. 실제로 맬서스 인구 모델은 실제 인구의 증가보다 훨씬 큰 값을 보여주며 예측값을 벗어난다. 이러한 오차는 맬서스의 모델이 인구 증가에 영향을 미치는 여러 가지 요인(질병, 전쟁, 인구정책) 등을 반영하지 않았기 때문이다. 그러나 이 모델은 뉴턴의 냉각법칙이나 동위원소의 반감기, 탄소 연대추정과 같은 현상을 분석하고 예측하는데 아주 중요한 모델이다.

예제 2

2020년 1월 세계 인구는 70억 명이고 1년 후 2021년 동안 2억 명이 증가하였다고 하자. 인구 증가율이 인구에 비례한다고 가정할 때 인구가 100억 명이 넘는 것은 몇 년 후인지 구하여라.

〖풀이〗

t년 후 인구를 $P(t)$라 하면 인구 증가율이 인구에 비례한다는 가설에 의해 비례 상수를 k라 두면

$$\frac{dP(t)}{dt} = kP(t),\ P(0) = 70$$

이고 이 미분방정식의 해는 식 (2)에 의해

$$P(t) = Ce^{kt}$$

이다. $t = 0$일 때 70억 명이므로 $70 = C$이고 따라서

$$P(t) = 70\,e^{kt}$$

이다. 또한 $t = 1$일 때 72억 명이므로 $P(1) = 72 = 70e^{k}$ 이므로 $k = \ln\left(\frac{72}{70}\right) \approx 0.028$이고 따라서

$$P(t) = 70e^{0.028t}$$

이다. 인구가 100억 명이 되는 시간 t를 구해 보면

$$100 = 70e^{0.028t} \quad \Rightarrow \ln\left(\frac{10}{7}\right) = 0.028t$$

이므로 $t \approx 12.7$이다. 따라서 13년 후인 2033년에 인구가 100억 명이 넘을 것으로 예측할 수 있다.

NOTE

[예제 2]는 인구가 성장하는 모델이므로 k가 양의 값을 가진다. 따라서 k를 **성장상수**(growth constant)라 부른다.

소금 용액

소금이나 설탕이 녹아서 만들어지는 소금물과 설탕물에서 시간의 변화에 따른 소금이나 설탕의 양의 변화는

$$\frac{dy}{dt} = -ky \ (k > 0) \tag{3}$$

을 만족시킨다. 이것을 통하여 여러 가지 상황을 예측해 보자.

예제 3

소금이 물에 녹을 때 아직 녹지 않은 소금의 양을 y라 하자. 2분 동안 전체 소금의 양의 20%가 녹았다면 95%의 소금이 녹는데 걸리는 시간을 구하여라.

《 풀이 》

처음 존재하는 소금의 양을 $y(0)$라 하면 시간에 대한 소금의 양은

$$y(t) = y(0)e^{-kt}$$

이고 2분 동안 전체 소금의 양의 20%가 녹았으므로 남아있는 소금의 양은 80%이므로

$$0.8\,y(0) = y(0)e^{-2k}$$

이다.

$$\frac{4}{5} = e^{-2k} \ \Rightarrow -2k = \ln 4 - \ln 5$$

이므로 $k \approx 0.11$이다. 따라서 95%의 소금이 녹는데 걸리는 시간은

$$0.05\,y(0) = y(0)e^{-0.11t} \ \Rightarrow \ -0.11t = \ln\left(\frac{1}{20}\right)$$

이므로 $t = \dfrac{\ln 20}{0.11} \approx 27.2$분이다.

연습문제 8.1

1. 낮은 압력 P에서 압력 P에 대한 기체의 부피 $V(P)$의 변화율은 $-\frac{V}{P}$와 같다. $V(P)$을 구하여라.

2. 박테리아 개체 수가 처음에는 P_0이고 1시간 후 개체 수가 $\frac{3}{2}P_0$로 측정되었다. 시간에 따른 박테리아 개체 수의 변화율은 처음 존재하는 개체 수에 비례하여 증가한다면 개체 수가 3배로 증가하는데 걸리는 시간을 구하여라.

3. 시간에 따른 박테리아 개체 수의 변화율은 처음 존재하는 개체 수에 비례하여 증가한다고 하자. 10시간 마다 개체 수가 4배 증가하는 박테리아가 최초 존재한 시간부터 5시간이 시난 후 개체 수가 1500개가 되었다고 하자.
   (1) 처음 존재했던 박테리아의 개체 수를 구하여라.
   (2) 37시간 후 박테리아의 개체 수를 구하여라.

4. 바다의 수면 아래 깊이 l미터 지점과 빛의 강도는 M의 관계는 $\frac{dM}{dl} = -1.5M$을 만족한다. 수면에서의 빛의 강도가 5%가 되는 깊이를 구하여라.

5. 시간에 따른 설탕물 속의 설탕의 양은 초기 설탕의 양에 비례하여 감소한다. 설탕이 물에 넣은 지 1분 만에 처음의 양의 15%가 녹았다면 80% 설탕이 녹는데 걸리는 시간을 구하여라.

8.2 탄소 연대 측정 모델

이 절에서는 유물이나 지층의 연대를 추정하는 방법인 탄소 연대 측정 모델을 소개한다. 탄소 연대 측정법은 탄소 원자의 특별한 성질에 근거를 두고 있으며 양자와 중성자의 결합은 대부분 불안정하기 때문에 물질의 원자로 변형이 일어나고 이를 이용하여 화석 등의 연대를 추정할 수 있다.

탄소 연대 측정

탄소 연대 측정법은 나이를 추정하고자 하는 물질의 방사선 탄소를 측정하는 방법이다. 일반적으로 대기 중에 탄소는 $C-12\left({}^{12}_{6}C\right)$와 $C-14\left({}^{14}_{6}C\right)$ 두 가지 형태로 존재하고 $C-12$에 대한 방사성 탄소 $C-14$의 비율은 일정하다.

탄소 $C-12$는 안정적이지만 탄소 $C-14$는 일정한 비율로 계속 붕괴되어 질소 $N-14$기 된다. 하지만 살아 있는 유기체는 호흡과 음식 섭취 등으로 붕괴된 만큼 탄소 $C-14$가 연속적으로 보충한다. 따라서 살아있는 생명체 내부에 존재하는 탄소 $C-14$의 비율은 대기 중의 것과 같다. 그러나 유기체가 죽으면 호흡과 식사에 의한 탄소 $C-14$의 흡수 작용이 끝나게 되어 더 이상 보충이 되지 않고 화석에 존재하는 탄소 $C-14$의 양에 비례하여 감소한다.

일반적으로 방사성 탄소 $C-14$의 반감기는 5715년이라고 알려져 있으므로 화석이나 유골에 남아있는 방사성 탄소 $C-14$의 비율을 측정하여 대기 중의 방사성 탄소의 비율과 비교하여 화석이나 유골의 나이를 추정할 수 있다.

NOTE

❶ 반감기란 물질의 초기 양이 반으로 줄어드는데 걸리는 시간을 의미한다.

❷ 방사성 물질은 붕괴되거나 다른 물질로 변화하는데, 방사성 물질의 반감기는 방사성 물질의 안정성을나타내는 척도이다.

❸ 반감기가 길수록 방사성 물질은 안정적이다.

예제 1

고고학자가 뼈 한 개를 발굴하여 그것의 방사성 탄소 $C-14$의 함량을 측정하였다. 발굴된 뼈에 방사성 탄소 $C-14$가 살아있는 같은 종류의 뼈의 25%라면 이 뼈의 나이를 추정하여라.

〖 풀이 〗

$y(t)$를 뼈에 남아있는 탄소 $C-14$의 양이라 하자. 살아있는 같은 종류의 뼈에 존재하는 원래 탄소 $C-14$의 양을 y_0라 하자. 양에 비례하여 감소하므로 비례 상수를 k라 하면

$$\frac{dy}{dt} = ky \quad (k < 0)$$

이다. 따라서

$$y(t) = y_0 e^{kt}, \quad y(0) = y_0$$

이다. 탄소 $C-14$의 반감기가 5715년이므로

$$\frac{1}{2} y_0 = y_0 e^{5715k}$$

이고, 따라서 $k = -\frac{\ln 2}{5715}$이다. 탄소 $C-14$가 살아있는 생명체 뼈의 양의 25%이므로

$$\frac{1}{4} y_0 = y_0 e^{-\frac{\ln 2}{5715} t}$$

이고

$$-\frac{\ln 2}{5715} t = -\ln 4$$

이다. 따라서 $t = 11430$이므로 이 뼈의 나이는 11430년이라 추정할 수 있다.

NOTE

[예제 1]는 탄소 $C-14$가 감소하는 모델이므로 k가 음의 값을 가진다. 따라서 k를 **붕괴상수** (decay constant)라 부른다.

방사능 물질의 붕괴

세슘 $Cs-137$은 핵분열 시 발생하는 주요 방사성 동위 원소 중 하나이고 이 물질의 반감기는 약 30년이다. 세슘 $Cs-137$은 베타 붕괴를 통해 30년이 지나면 바륨 $Ba-137$로 바뀐다. 따라서 시간 t에 대한 방사성 물질의 양 $y(t)$의 변화는 미분방정식

$$\frac{dy}{dt} = -ky\,(k>0)$$

을 만족한다.

예제 2

$200mg$의 세슘 $Cs-137$이 있다.

(1) 100년 후 세슘 $Cs-137$의 양을 예측하여라.

(2) $10mg$미만이 남게 되는 것은 몇 년 후인지 예측하여라.

〖풀이〗

(1) 시간 t에 대한 세슘 $Cs-137$의 양을 $y(t)$라 하면

$$\frac{dy}{dt} = -ky \quad (k>0)$$

을 만족하고 변수분리형 미분방정식 풀이를 통해 해를 구하면

$$y(t) = y_0 e^{-kt}$$

이다. $y(0)=200$이므로 $y(t)=200e^{-kt}$ 이다. 세슘 $Cs-137$의 반감기가 30년이므로 $100=200e^{-30k}$ 또는 $\frac{1}{2}=e^{-30k}$ 이고 따라서 $k=\frac{\ln 2}{30}\approx 0.02$ 이다. 100년 후 세슘 $Cs-137$의 양은

$$y(100)=200e^{-0.02(100)}=200e^{-2}\approx 27.1$$

이다.

(2) $10mg$미만이 남게 되는 해를 구하기 위해서는

$$y(t)=200e^{-0.02t}<10$$

이 되는 t를 구하면 된다. 따라서 $e^{-0.02t}<\frac{1}{20}$ 이므로 $t>\frac{\ln 20}{0.02}\approx 150$(년) 후이다.

연습문제 8.2

1. 뼈 화석이 원래 탄소 $C-14$의 $\frac{1}{100}$에 해당하는 양을 포함하고 있다. 이 화석의 연대를 추정하여라.

2. 1991년 9월에 신석기 시대의 미이라인 빙하인간(Oetzi)이 오스트리아와 이탈리아 국경 근처에서 발견되었다. 만약 이 미이라에 방사성 탄소 $C-14$가 살아있는 생명체의 50%라면 이 빙하 인간은 언제쯤 살다가 죽었을지 추측하여라.

3. 라듐 $Ra-226$의 반감기는 약 1600년이다. 현재 $200mg$의 라듐 $Ra-226$이 존재한다고 할 때
(1) 100년 후 라듐 $Ra-226$의 양을 예측하여라.
(2) 라듐 $Ra-226$의 양이 $10mg$이하가 되는 때는 몇 년 후 인지 예측하여라.

4. 트리튬의 반감기는 약 12년이고 축적된 트리튬의 5.5%는 매년 자연 소멸되어 방사능이 없는 헬륨(He)으로 전환된다. 현재 $500mg$의 트리튬이 존재한다고 할 때
(1) 20년 후 트리튬의 양을 예측하여라.
(2) 트리튬의 양이 $1mg$이하가 되는 때는 몇 년 후 인지 예측하여라.

5. 방사성 베릴륨은 바다 속 화석의 연대를 측정하는데 이용된다. 베릴륨의 붕괴 방정식은 $\frac{dy}{dt} = -ky$이고 비례 상수 $k = 1.5 \times 10^{-7}$이면 베릴륨의 반감기는 얼마인가?

6. 스트론튬 $Sr-90$은 핵폭발 또는 원자핵 반응기에서 생성되는 인공 방사능물질이다. 스트론튬 $Sr-90$은 우라늄 핵 분열시 나오는 방사성핵종으로 인체에 흡수되면 잘 배출되지 않으므로 핵폭발의 낙진의 성분 중에서 세슘과 함께 위험한 성분이다. 인체에 들어오면 뼈의 칼슘 성분과 비슷한 역할로 뼈에 축적된다. 스트론튬 $Sr-90$의 반감기는 약 29년으로 알려져 있다. 스트론튬 $Sr-90$이 처음에 $0.1g$이 뼈에 있었다면 10년 후에는 몇 g이 남아있는가?

8.3 뉴턴의 냉각 법칙 모델

컵에 담겨있는 뜨거운 물을 마시기 위해 입으로 불어가며 마신다. 이때 입으로 바람을 불어 뜨거운 물을 식히는 행위가 대류이다. 직관적으로 뜨거운 물체에 바람을 불면 차가워진다는 것을 잘 알고 있다. 이 절에서는 이 현상을 공학적 언어로 해석하는 과정을 살펴보자.

뉴턴의 냉각 법칙

뜨겁거나 차가운 물체를 공기 중에 놓아두면 물체의 온도는 공기의 온도와 같아질 것이다. 이와 같은 현상을 뉴턴의 냉각 법칙을 통하여 해석해 보자. **뉴턴의 냉각 법칙** (Newton's law of cooling)은 물체가 냉각되는 비율이 물체와 그 주위의 온도 차에 비례한다는 법칙이다.

뉴턴의 냉각 법칙을 미분방정식으로 표현하면

$$\frac{dT}{dt} = k(T - T_A) \tag{1}$$

이다. 여기서 T는 내부온도, T_A는 외부온도이고 k는 상수이다. 식 (1)은

$$\int \frac{1}{T - T_A} dT = \int k dt$$

으로 변수분리 가능하고, 양변을 적분하면

$$\ln(T - T_A) = kt + C_1$$

이다. 따라서

$$T(t) = T_A + Ce^{kt} \text{ 또는 } T(t) = T_A + (T(0) - T_A)e^{kt} \tag{2}$$

이다.

NOTE

❶ 뉴턴의 냉각 법칙은 온도 차가 작을 때에만 성립한다.

❷ 두 물체에 의한 서로의 온도의 변화는 무시한다.

예제 1

2($^\circ C$) 인 냉장고에서 차가운 음료수를 꺼내었다. 이 음료수의 온도는 25($^\circ C$)인 공간에서 20분이 지났을 때 8($^\circ C$)가 되었다. 이 음료수의 온도가 10($^\circ C$)가 되는 시간을 예측하여라.

〖풀이〗

시간에 대한 음료수의 온도를 $T(t)$라 하면 시간에 따른 온도계의 온도 변화는

$$\frac{dT}{dt} = k(T - 25) \quad (k\text{는 상수})$$

이고, 식 (2)에 의해

$$T(t) = 25 + Ce^{kt}$$

이다.

$T(0) = 2$이므로 $2 = 25 + C$ 이고 $C = -23$이다. 따라서

$$T(t) = 25 - 23e^{kt}$$

이다. 또한 20분 지났을 때 음료수의 온도는 8도이므로 $T(20) = 8$이다.

따라서 $8 = 25 - 23e^{20k}$ 이므로 $20k = \ln\frac{17}{23}$이고 $k \approx -0.015$이다. 즉

$$T(t) = 25 - 23e^{-0.015t}$$

이다. 따라서 음료수의 온도가 10도일 때 시간은 $10 = 25 - 23e^{-0.015t}$ 이므로

$\ln\frac{15}{23} = -0.015t$이고 $t \approx 28.5$분이다.

예제 2

외부 온도가 20($^\circ C$)로 유지되는 카페에서 커피 기계를 통하여 갓 뽑아낸 커피의 온도는 98($^\circ C$)이다. 이 커피는 1분당 1($^\circ C$) 비율로 식어가고 있다. 이 음료수의 온도가 80($^\circ C$)가 되는 시간을 예측하여라.

〖풀이〗

시간에 대한 커피의 온도를 $T(t)$라 하면 시간의 따른 온도계의 온도 변화는

$$\frac{dT}{dt} = -k(T - 20) \quad (k > 0)$$

이고 식(2)에 의해

$$T(t) = 20 + Ce^{-kt}$$

이다. $T(0) = 98$이므로 $98 = 20 + C$이고 $C = 78$이다. 따라서

$$T(t) = 20 + 78e^{-kt}$$

이다. 또한 1분 지났을 때 커피의 온도는 97도이므로 $T(1) = 97$이다.

$97 = 20 + 78e^{-k}$이므로 $-k = \ln\frac{77}{78} \approx 0.013$이다. 즉

$$T(t) = 20 + 78e^{-0.013t}$$

이다. 따라서 커피의 온도가 80도일 때 시간은 $80 = 20 + 78e^{-0.013t}$이고

$-0.013t = \ln\frac{60}{78}$이므로 $t \approx 20.2$분이다.

예제 3

여름 어느 사무실의 낮 온도가 18(° C)로 유지된다고 하자. 냉방기는 밤 9시에 꺼지고 오전 6시에 다시 작동된다. 어느 날 새벽 1시의 건물 온도가 24(° C)였고 외부온도는 27(° C)로 유지되었다고 한다. 다음날 오전 6시 난방기가 작동하였을 때 사무실의 내부 온도를 예측하여라.

【 풀이 】

시간에 대한 사무실의 내부온도를 $T(t)$라 하면 시간의 내부 온도 변화는

$$\frac{dT}{dt} = k(T - 27)$$

이고

$$T(t) = 27 + Ce^{kt}$$

이다. 밤 9시($t = 0$) 사무실의 내부 온도는 18도이므로 $T(0) = 18$이다. 따라서 $18 = 27 + C$이고 $C = -9$이다. 즉

$$T(t) = 27 - 9e^{kt}$$

이다. 새벽 1시의 건물 온도가 24도이므로 $T(4) = 24$이다. 따라서 $24 = 27 - 9e^{4k}$이고 $k = \frac{1}{4}\ln\frac{1}{3} \approx -0.27$이며 $T(t) = 27 - 9e^{-0.27t}$이다. 따라서 다음날 오전 6시 난방기가 작동하였을 때 사무실의 내부 온도는 $T(9) = 27 - 9e^{-0.27(9)} \approx 26.2$도이다.

연습문제 8.3

1. 온도가 25($^\circ C$)인 방안에 놓여 있던 온도계를 10($^\circ C$)인 외부로 가지고 갔다. 2분 지났을 때 온도계의 온도는 20($^\circ C$)이었다고 한다. 온도계의 온도가 15($^\circ C$)일 때는 몇 분 후 인지 예측하여라.

2. 오븐에서 음식을 꺼냈을 때 그 음식의 온도는 방의 온도보다 80($^\circ C$) 더 높았고 20분 후 이 음식은 방의 온도보다 65($^\circ C$) 더 높았다.
   (1) 1시간 후 이 음식의 온도는 방 온도 보다 얼마나 더 높을지 예측하여라.
   (2) 1시간 40분 후 음식의 온도가 30($^\circ C$)라면 방의 온도는 얼마일지 예측하여라. 단, 방의 온도는 변화가 없다.

3. 밤에 잠자리에 들기 2시간 전에 난방기를 껐고 그때 방이 온도는 25($^\circ C$)이었다. 잠자리에 드는 시간 방의 온도가 22($^\circ C$)이었다면 잠든 후 8시간 후의 방의 온도는 얼마인지 예측하여라. 단, 외부 온도는 10($^\circ C$)로 일정하다.

4. 겨울 어느 교실의 낮 온도가 20($^\circ C$)로 유지된다고 하자. 난방기는 밤 10시에 꺼지고 오전 6시에 다시 작동된다. 어느 날 새벽 2시의 건물 온도가 15($^\circ C$)이었고 외부온도는 2($^\circ C$)로 유지되었다고 한다. 오전 6시 난방기가 작동하였을 때 교실의 내부 온도를 예측하여라.

8.4 수확 모델

세계인구증가에 대한 모델은 영국의 경제학자 맬서스에 의해 처음 연구되었는데 인구증가율이 항상 현재의 인구에 비례한다는 가설에 의해 모델화되었다. $y(t)$를 시간 t에서의 인구라 할 때 $\frac{dy}{dt}$는 그 순간 인구증가율이 된다. 따라서 맬서스 모델은

$$\frac{dy}{dt} = ky$$

이고 이러한 인구모델을 **맬서스의 인구모델, 자연성장 또는 지수성장**(exponential growth model)이라 한다. 하지만 맬서스의 인구모델은 이상적인 조건이 성립하면 적합하지만 일반적인 인구모델로는 적합하지 않다. 제한된 식량 자원과 환경 문제, 전쟁 등과 같은 외부의 요인에 의해 인구가 많아지면 인구의 상대증가율은 둔화되는 것이 일반적인 현상이다. 즉 어떤 감소함수 $f(y)$에 대하여

$$\frac{dy}{dt} = yf(y) \tag{1}$$

임을 가정할 수 있다. 이 식은 동물의 개체 수 모델로 널리 사용된다.

로지스틱 방정식

어떤 환경이 수용할 수 있는 최대 인구를 M이라 하자. 이 수 M을 환경의 **수용력**(carrying capacity)라 한다. 수용력에 도달하면 인구는 더 이상 증가하지 않으므로 식 (1)에서 $f(M) = 0$이다. 식 (1)에서 $f(y)$를 가장 간단한 1차 함수를 $f(y) = ay + b$라 두고 환경의 자연성장률을 $f(0) = r$라 하자. $f(0) = b = r$이고 $f(M) = aM + b = 0$이므로 $b = r,\ a = -\frac{r}{M}$이다. 따라서 식 (1)은

$$\frac{dy}{dt} = yf(y) = y\left(r - \frac{r}{M}y\right) \tag{2}$$

가 된다. 식 (2)를 수용력 M이고 자연성장률 r인 **로지스틱 방정식**(logistic equation)이라 한다.

NOTE

❶ (2)의 해를 **로지스틱 함수**(logistic function), 그래프를 **로지스틱 곡선**(logistic curve)이라 한다.

❷ 로지스틱 곡선은 제한된 영역에서 박테리아, 원핵생물 등의 개체 수 성장을 정확히 예측하는데 사용된다.

❸ 인구 y가 수용력 M에 비하여 아주 작으면 $\frac{y}{M}$는 0에 가까우므로 (2)는 $\frac{dy}{dt}=ry$가 되어 맬서스의 모형이 된다.

❹ 인구 y가 수용력 M에 가까워지면 $\frac{y}{M}$는 1에 가까우므로 (2)는 $\frac{dy}{dt}=0$이 되어 인구의 변화는 거의 없다.

❺ 인구 y가 수용력 M보다 작은 경우에는 $\frac{y}{M}<1$이므로 $\frac{dy}{dt}>0$가 되어 인구는 증가하고, 인구 y가 수용력 M보다 큰 경우에는 $\frac{y}{M}>1$이므로 $\frac{dy}{dt}<0$가 되어 인구는 감소한다.

로지스틱 방정식의 해법

식 (2)를 상수로 바꾸면

$$\frac{dy}{dt}=y(A-By) \quad (A, B>0) \tag{3}$$

이 되고, 이 식에 대한 해법을 살펴보자.

NOTE

❶ $\frac{dy}{dt}=y(A-By)=Ay-By^2$이므로 이 방정식은 맬서스의 인구모델에서 $-By^2$항이 추가되었고 이 항은 인구성장의 억제 또는 경쟁 항으로 해석할 수 있다.

❷ 식 (3)을 $\frac{dy}{dt}=ky(N+1-y), k>0$의 형태로 사용되면 감염된 개인에 의해 전체 인구 N으로 전염병이 퍼져 나가는 것을 예측할 수 있는 모델이 된다.

(1) 변수분리법을 이용한 해법

식 (3)는 $\frac{1}{y(A-By)}\frac{dy}{dt}=1$으로 변수분리 가능하고 좌변을 부분분수로 만들면

$$\left(\frac{\frac{1}{A}}{y}+\frac{\frac{B}{A}}{A-By}\right)\frac{dy}{dt}=1$$

이고 양변을 적분하면

$$\frac{1}{A}\ln|y| - \frac{1}{A}\ln|A-By| = t + c_1$$

$$\ln\left|\frac{y}{A-By}\right| = At + Ac_1$$

$$\frac{y}{A-By} = e^{At+Ac_1} = c_2 e^{At}$$

이다. 따라서

$$y(t) = \frac{Ac_2}{e^{-At} + Bc_2}$$

이다.

(2) Bernoulli 방정식을 이용한 해법

식 (3)의 표준형은 $y' - Ay = -By^2$이고 Bernoulli 방정식 $y' + p(x)y = q(x)y^n$에서 $n=2$인 형태이다. 따라서 $u = y^{1-2}$으로 치환하면 $u' = -y^{-2}y'$이므로 식 (3)는 1계 선형미분방정식 $u' + Au = B$이 된다. 일반해는

$$u = e^{-\int A\,dt}\left[\int Be^{At}dt + c\right] = ce^{-At} + \frac{B}{A} \tag{4}$$

이므로

$$y(t) = \frac{1}{ce^{-At} + \frac{B}{A}} = \frac{A}{Ace^{-At} + B} \tag{5}$$

이다.

NOTE

❶ (3)의 해 로지스틱 함수에 수용력 M과 자연성장률 r에 관한 식으로 표현하면 $A = r, B = \frac{r}{M}$이므로 $y(t) = \frac{M}{ce^{-rt}+1}$이고, 초기조건 $y(0) = y_0$을 만족하는 로지스틱 방정식의 로지스틱 함수는 다음과 같다.

$$y(t) = \frac{My_0}{(M-y_0)e^{-rt} + y_0}$$

❷ 시간이 지남에 따라 인구는 $\lim_{t\to\infty} y(t) = \lim_{t\to\infty}\frac{My_0}{(M-y_0)e^{-rt}+y_0} = M$으로 수렴함을 알 수 있다.

예제 1

$y' = 2y(3-y), y(0) = 1$을 만족하는 해를 구하여라.

【풀이 1】

$\dfrac{1}{y(3-y)}\dfrac{dy}{dt} = 2$으로 변수분리 가능하고 좌변을 부분분수로 만들면

$$\left(\frac{\frac{1}{3}}{y} + \frac{\frac{1}{3}}{3-y}\right)\frac{dy}{dt} = 2$$

이고 양변을 적분하면

$$\frac{1}{3}\ln|y| - \frac{1}{3}\ln|3-y| = 2t + c_1$$

$$\ln\left|\frac{y}{3-y}\right| = 6t + 3c_1$$

$$\frac{y}{3-y} = c_2 e^{6t}$$

이다. 따라서 일반해는

$$y(t) = \frac{3c_2}{e^{-6t} + c_2}$$

이다. $y(0) = 1$이므로 $c_2 = \dfrac{1}{2}$이고 특수해는 $y(t) = \dfrac{\frac{3}{2}}{e^{-6t} + \frac{1}{2}} = \dfrac{3}{2e^{-6t} + 1}$이다.

【풀이 2】

표준형은 $y' - 6y = -2y^2$이고 Bernoulli 방정식 $y' + p(x)y = q(x)y^n$에서 $n = 2$인 형태이다. 따라서 $u = y^{1-2}$으로 치환하면 $u' = -y^{-2}y'$이므로 1계 선형미분방정식 $u' + 6u = 2$이 된다. 일반해는

$$u = e^{-\int 6\,dx}\left[\int 2e^{6x}\,dx + c\right] = ce^{-6t} + \frac{1}{3}$$

이므로 일반해는

$$y(t) = \frac{1}{ce^{-6t} + \frac{1}{3}} = \frac{3}{3ce^{-6t} + 1}$$

이다. $y(0) = 1$이므로 $c = \dfrac{2}{3}$이고 특수해는 $y(t) = \dfrac{3}{2e^{-6t} + 1}$이다.

예제 2

양식장에 물고기 50마리를 방류했다. 시간 t(단위는 월)에서 물고기의 수 $y(t)$는 다음 방정식을 만족한다고 한다.

$$\frac{dy}{dt} = 0.001y(500-y)$$

(1) 양식장의 수용력은 얼마인가?

(2) 초깃값 문제의 해를 구하여라.

(3) 1년 후 물고기의 수는 몇 마리인가?

(4) 물고기의 수가 250마리가 되는 것은 방류 후 몇 개월 후 인가?

〖 풀이 〗

(1) 물고기의 수 y는

$$\frac{dy}{dt} = y\left(\frac{1}{2} - \frac{1}{1000}y\right), \ y(0) = 50$$

을 만족하는 초깃값 문제의 해이다. 그러므로 수용력은 500마리이다.

(2) $y(0) = 50, \ M = 500, \ r = 0.5$이므로

$$y(t) = \frac{500 \times 50}{(500-50)e^{-0.5t} + 50} = \frac{500}{9e^{-0.5t} + 1}$$

이다.

(3) 1년 후 물고기의 수는 $y(12) = \frac{500}{9e^{-0.5 \times 12} + 1} = \frac{500}{9e^{-6} + 1} \approx 489$마리이다.

(4) $y(t) = \frac{500}{9e^{-0.5t} + 1} = 250$이므로 $9e^{-0.5t} + 1 = 2$이고 $t = \frac{\ln 9}{0.5} \approx 4.4$ 즉 4.4개월 후이다.

예제 3

학생 수가 1000명인 학교가 있다. 한 명의 학생이 다른 학생들에게 소문을 퍼뜨린다고 하자. 소문이 퍼지는 속도는 소문을 들은 학생 수 y와 소문을 듣지 않은 학생 수에도 비례한다고 가정하면, 6일 후 소문을 들은 학생 수는 얼마가 되겠는가? 단 4일 후 소문을 들은 학생 수는 50명이고, 전체 학생 수는 변동이 없다고 가정한다.

〘 풀이 〙

소문이 퍼지는 속도는 소문을 들은 학생 수 y와 소문을 듣지 않은 학생 수에도 비례하므로 방정식은

$$\frac{dy}{dt} = ky(1000-y),\ y(0)=1$$

이다. $A=1000k,\ B=k$이므로 식 (5)에서

$$y(t) = \frac{1000k}{(1000k-k)e^{-1000kt}+k} = \frac{1000}{999e^{-1000kt}+1}$$

이다. $t=4$를 대입하면 $y(4) = \dfrac{1000}{999e^{-4000k}+1} = 50$이므로

$$y(t) = \frac{1000}{999e^{-0.9906t}+1}$$

이다. 따라서 $y(6) = \dfrac{1000}{999e^{-5.9436}+1} \approx 276.25$이므로 약 276명이다.

로지스틱 모델은 여러 가지 형태로 변형이 가능하다. 예를 들어 양식장에 물고기가 $h(t)$의 속도로 출하되거나 반입될 때 양식장의 물고기 수를 예측하기 위해서는 로지스틱 모델을 변형하여야 한다. 또한 인구의 증감, 종양의 성장, 보험의 예측 등 다양한 분야에서 로지스틱 모델을 변형하여 연구 모델로 사용된다.

상수 수확 모델

시간 t에서의 물고기의 양을 $y(t)$라 하고, 1년에 수확할 수 있는 양을 일정한 상수 h로 제한하면 로지스틱 모델은

$$\frac{dy}{dt} = y\left(r - \frac{r}{M}y\right) - h$$

을 만족한다. 이 모델을 **상수 수확 모델**(constant harvest model)이라 한다.

예제 4

광어 양식장의 물고기 양 $y(t)$(단위는 톤)는 시간 t(단위는 월)에 의해 다음 방정식을 따른다고 한다.

$$\frac{dy}{dt} = y\left(2 - \frac{1}{50}y\right)$$

(1) 양식장의 주인이 1년 동안 32톤의 광어를 수확하려고 한다. 처음 광어의 양이 10, 50톤일 때 양식장의 광어의 양은 어떤 변화를 보이는가?

(2) 광어가 멸종하지 않으려면 1년의 수확량을 어떻게 유지하여야 하는가?

【 풀이 】

(1) 1년 동안 일정한 양 32톤의 광어 수확에 의한 모델이므로 시간 t에서 양식장의 광어의 양 $y(t)$는

$$\frac{dy}{dt} = y\left(2 - \frac{1}{50}y\right) - 32$$

와 같은 상수 수확 모델을 따른다. 우변을 인수 분해하면

$$0.02y(100 - y) - 32 = -0.02y^2 + 2y - 32 = -0.02(y^2 - 100y + 1600)$$
$$= -0.02(y - 20)(y - 80)$$

이므로 $y = 20,\ y = 80$에서 광어의 수의 변화율이 평형을 이룬다.

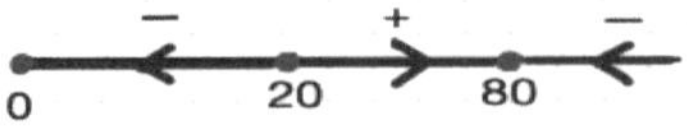

$y(0)$가 $0 < y(0) < 20$ 사이에 있으면 0에 가까워지고 $y(0)$가 $20 < y(0) < 80$ 사이에 있으면 80에 가까워진다. 따라서 처음의 광어의 양이 10인 경우에는 시간이 지나면 광어는 소멸하고 50인 경우에는 광어의 양은 80에 가까워진다.

(2) 1년에 수확하는 광어의 양을 h이라 하면

$$\frac{dy}{dt} = y\left(2 - \frac{1}{50}y\right) - h$$

을 만족한다. 우변은

$$0.02y(100-y) - h = -0.02y^2 + 2y - h = -0.02(y^2 - 100y + 50h)$$

이므로 $h = 50$일 때 중근을 가진다. 따라서 세 가지 경우 (i) $h > 50$, (ii) $h = 50$, (iii) $h < 50$로 나누어서 수확량을 결정하여야 한다.

(i) $h > 50$일 때 우변이 0이 되는 해는 존재하지 않고 $\frac{dy}{dt} < 0$이므로 1년의 수확량에 관계없이 광어는 멸종한다.

(ii) $h = 50$일 때 우변은 중근 $y = 50$을 가진다. $y(0)$가 $0 < y(0) < 50$ 사이에 있으면 0에 가까워져서 멸종하고 $y(0)$가 $50 \le y(0)$이면 광어의 양은 50으로 수렴한다.

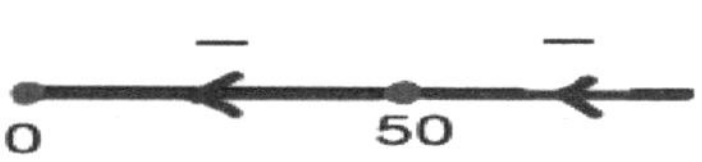

(iii) $h < 50$일 때 우변은 서로 다른 실근

$h_1 = 50 - \sqrt{2500 - 50h}$, $h_2 = 50 + \sqrt{2500 - 50h}$ 을 가지므로

$$0.02y(100-y) - h = -0.02y^2 + 2y - h = -0.02(y - h_1)(y - h_2)$$

이다. 따라서

$y(0) < h_1$이면 $y' < 0$ 광어의 양은 시간이 지남에 따라 0에 가까워져서 멸종한다.

$h_1 < y(0) < h_2$이면 $y' > 0$ 광어의 양은 시간이 지남에 따라 h_2로 수렴한다.

$h_2 < y(0)$이면 $y' < 0$ 광어의 양은 시간이 지남에 따라 h_2로 수렴한다.

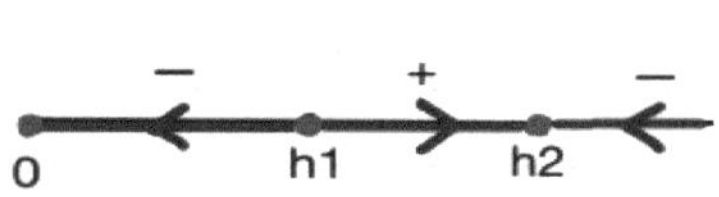

비율 수확 모델

시간 t에서의 물고기의 양을 $y(t)$라 하고, 1년에 수확할 수 있는 양을 현재 물고기 양의 일정한 비율 αy로 제한하면 로지스틱 모델은

$$\frac{dy}{dt} = y\left(r - \frac{r}{M}y\right) - \alpha y, \quad 0 \le \alpha \le 1$$

을 만족한다. 이 모델을 **비율 수확 모델**(proportional harvest model)이라 한다.

예제 5

양식장의 물고기 양 $y(t)$(단위는 톤)는 시간 t(단위는 월)에 의해 다음 방정식을 따른다고 한다.

$$\frac{dy}{dt} = 0.001y(100 - y)$$

양식장의 주인이 1개월에 현재 물고기의 양의 9%를 수확하려고 한다. 처음 물고기의 양이 1톤일 때 양식장의 물고기의 양은 10개월 후 어떤 변화를 보이는가?

【 풀이 】

물고기의 수 y는

$$\frac{dy}{dt} = 0.001y(100 - y) - 0.09y, \; y(0) = 1$$

을 만족하는 초깃값 문제의 해이다.

$$\frac{dy}{dt} = 0.001y(100 - y) - 0.09y = -0.001y^2 + 0.01y = 0.01y\left(1 - \frac{1}{10}y\right)$$

이고, $y(0) = 1,\ M = 10,\ r = 0.01$이므로 $y(t) = \dfrac{10 \times 1}{(10-1)e^{-0.01t} + 1} = \dfrac{10}{9e^{-0.01t} + 1}$이다.

10개월 후 물고기의 수는 $y(10) = \dfrac{10}{9e^{-0.01 \times 10} + 1} = \dfrac{10}{9e^{-0.1} + 1} \approx 1.09$톤이다.

연습문제 8.4

1. $y' = y(1-y)$을 만족하는 해를 구하여라.

2. $y' = 10y(5-y), y(0) = 1$을 만족하는 해를 구하여라.

3. $y' = k(10-y)(11-y)$을 만족하는 해를 구하여라.

4. 양식장에 물고기 20마리를 방류했다. 시간 t(단위는 월)에서 물고기의 수 $y(t)$는 다음 방정식을 만족한다.

$$\frac{dy}{dt} = 0.002y(200-y)$$

(1) 양식장의 수용력은 얼마인가?

(2) 초깃값 문제의 해를 구하여라.

(3) 1년 후 물고기의 수는 몇 마리인가?

(4) 물고기의 수가 100마리가 되는 것은 방류 후 몇 개월 후 인가?

5. 시베리아 야생동물 보호지역에서 호랑이 1000마리가 서로 자신의 영역 안에서 살아갈 수 있다고 한다. 최근 이 보호구역에 300마리의 호랑이가 서식하는 것으로 확인되었다. 호랑이 개체 수 P의 증가율은 다음 식을 만족한다.

$$\frac{dP}{dt} = 0.0001(1000-P)P$$

단, 시간 t의 단위는 년이다.

(1) 호랑이 개체 수를 t에 대한 식으로 표현하여라.

(2) 개체 수가 수용력의 90% 이상이면 포화상태를 이룬다고 한다. 포화상태에 이르기까지 몇 년이 걸리는가?

6. 광어 양식장의 물고기 양 $y(t)$(단위는 톤)는 시간 t(단위는 년)에 의해 다음 방정식을 따른다.

$$\frac{dy}{dt} = 0.005y(100-y)$$

양식장의 주인이 1년 동안 8톤의 광어를 수확하려고 한다. 처음 광어의 양이 20톤일 때 양식장의 광어의 양은 어떤 변화를 보이는가?

7. 양식장의 물고기 양 $y(t)$(단위는 톤)는 시간 t(단위는 월)에 의해 다음 방정식을 따른다.

$$\frac{dy}{dt} = 0.001y(100-y)$$

양식장의 주인이 1개월에 현재 물고기의 양의 5%를 수확하려고 한다. 처음 물고기의 양이 1톤일 때 양식장의 물고기의 양은 10개월 후 어떤 변화를 보이는가?

8.5 혼합 용액 모델

농도가 다른 두 용액의 혼합에 대한 혼합문제는 화학 공업뿐 아니라 호수의 오염, 체내의 약물에 관한 문제, 공기에 대한 환기 문제에도 적용되는 현실적이고 기본적인 모델이다.

혼합 용액 모델(1)

혼합 용기에 $10g$의 소금이 녹아있는 $300l$의 소금물이 있다고 하자. 이 혼합 용기에 리터당 $2g$이 녹아있는 소금물이 분당 $5l$의 속도로 유입되고 잘 섞이면서 동시에 같은 양의 소금물이 유출된다고 하자([그림 1]).

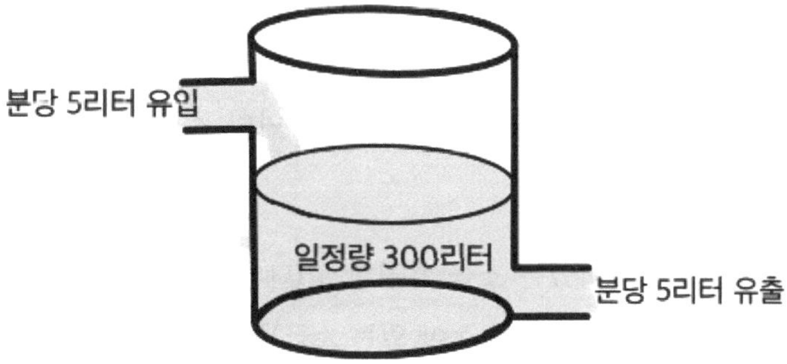

[그림 1]

$y(t)$를 시간 t일 때 용기에 녹아있는 소금의 전체 양(단위 g)이라 하면 **균형법칙**(balance law)에 의해 $y(t)$의 변화율은 다음과 같다.

$$\frac{dy}{dt} = (\text{소금의 유입률}) - (\text{소금의 유출률})$$

NOTE

❶ 용기로 들어오는 유입과 나가는 유출은 연속적으로 이루어진다.

❷ 유입률은 단위 시간에 유입되는 용질의 양, 유출률은 단위 시간에 유출되는 용질의 양으로 정의한다.

소금의 유입률은 용기에 유입되는 소금물에 녹아있는 리터당 소금의 양에 분당 유입되는 소금물의 양을 곱하면 된다. 리터당 $2g$이 녹아있는 소금물이 분당 $5l$의 속도로 유입되므로 10이다. 들어오는 양과 나가는 양이 같으므로 용기에 남아있는 소금물의 양은 항상 일정하다. 그러므로 소금의 유출률은 $300l$의 소금물에 녹아있는 소금물의 농도 $\frac{y(t)}{300}$에 분당 유출되는 소금물의 양을 곱하면 된다. 즉 $\frac{y(t)}{300} \times 5 = \frac{1}{60}y(t)$이다.

따라서 [그림 1]과 같은 시스템은

$$y' = 10 - \frac{1}{60}y$$

인 1계 상미분방정식이다. 또한 $t = 0$일 때 소금의 양이 $10g$이므로 $y(0) = 10$인 초깃값 문제이다.

예제 1

$50g$의 소금이 녹아있는 $100l$의 소금물이 들어 있는 용기가 있다. 리터당 $3g$의 소금이 녹아 있는 소금물이 분당 $2l$로 용기로 유입된다. 잘 휘저어서 거의 균일하게 유지된 혼합 용액이 분당 $2l$로 흘러나간다. t시간 후에 용기 안의 소금의 양을 구하여라.

〖 풀이 〗

$y(t)$를 시간 t에 용기에 녹아있는 소금의 전체 양(단위 g)이라 하자.

소금의 유입률은 리터당 $3g$의 소금이 녹아 있는 소금물이 분당 $2l$로 용기로 유입되므로 6이다. 소금의 유출률은 $100l$의 소금물에 녹아있는 소금물의 농도 $\frac{y(t)}{100}$에 분당 유출되는 소금물의 양을 곱하면 된다. 즉 $\frac{y(t)}{100} \times 2 = \frac{1}{50}y(t)$이다. 그러므로

$$y' = 6 - \frac{1}{50}y$$

인 1계 상미분방정식이다. 또한 $t = 0$일 때 소금의 양이 $50g$이므로 $y(0) = 10$인 초깃값 문제이다. 1계 비제차 선형미분방정식의 해법에 의해

$$y = e^{-\int \frac{1}{50}dt}\left[\int 6e^{\int \frac{1}{50}dt}dt + c\right] = 300 + ce^{-\frac{1}{50}t}$$

이다. $y(0) = 50$ 이므로 $c = -250$이다. 따라서 용기 안의 소금의 양

$$y(t) = 300 - 250e^{-\frac{1}{50}t}$$

을 얻는다.

예제 2

$50g$의 소금이 녹아있는 $3000l$의 소금물이 들어 있는 용기가 있다. 순수한 물이 분당 $5l$의 속도로 용기로 유입된다. 잘 휘저어서 거의 균일하게 유지된 혼합 용액이 같은 속도로 흘러나간다. 10시간 후에 용기 안의 소금의 양을 구하여라.

〖 풀이 〗

$y(t)$를 시간 t에 용기에 녹아있는 소금의 전체 양(단위 g)이라 하자.

소금의 유입률은 분당 $5l$의 속도로 순수한 물이 용기로 유입되므로 0이다. 소금의 유출률은 $3000l$의 소금물에 녹아있는 소금물의 농도 $\frac{y(t)}{3000}$에 분당 유출되는 소금물의 양을 곱하면 된다. 즉 $\frac{y(t)}{3000}\times 5 = \frac{1}{600}y(t)$이다. 그러므로

$$y' = 0 - \frac{1}{600}y$$

인 1계 선형미분방정식이다. 또한 $t=0$일 때 소금의 양이 $50g$이므로 $y(0)=50$인 초깃값 문제이다. 변수분리형 미분방정식의 해법에 의해

$$y(t) = ce^{-\frac{1}{600}t}$$

이다. $y(0)=50$ 이므로 $y(0)=c=50$이다. 따라서

$$y(t) = 50e^{-\frac{1}{600}t}$$

을 얻는다. 10시간 후 용기 안의 소금의 양은 $t=600$을 대입하면

$$y(600) = \frac{50}{e}$$

이다.

용기 안으로 흘러 들어가는 소금물의 양과 흘러나가는 소금물의 양이 다른 경우에는 시간과 현재의 양에 의존하는 모델링이 된다.

예제 3

$50g$의 소금이 녹아있는 $100l$의 소금물이 들어 있는 용기가 있다. 리터당 $1g$의 소금이 녹아있는 소금물이 분당 $3l$로 용기로 유입된다. 잘 휘저어서 거의 균일하게 유지된 혼합 용액이 분당 $1l$로 흘러나간다. t시간 후에 용기 안의 소금의 양을 구하여라.

〔풀이〕

$y(t)$를 시간 t에 용기에 녹아있는 소금의 전체 양(단위 g)이라 하자.
흘러 들어가는 소금물의 양이 흘러나가는 소금물의 양보다 많으므로 용기 안의 소금물의 양은 시간이 경과 함에 따라 늘어난다. 조건에서 소금의 유입률은 리터당 $1g$의 소금이 녹아있는 소금물이 분당 $3l$로 용기로 유입되므로 3이다. 소금의 유출률은 $100l$의 소금물에 녹아있는 소금물의 농도 $\dfrac{y(t)}{100+t}$에 분당 유출되는 소금물의 양을 곱하면 된다. 즉 $\dfrac{y(t)}{100+t}\times 1$이다. 여기서 $100+t$는 용기 안에 있는 소금물의 양이다. 그러므로

$$y' = 3 - \frac{1}{100+t}y$$

인 미분방정식을 얻는다. 또한 $t=0$일 때 소금의 양이 $50g$이므로 $y(0)=50$인 초깃값 문제이다. 1계 비제차 선형미분방정식의 해법에 의해

$$y = e^{-\int \frac{1}{100+t}dt}\left[\int 3e^{\int \frac{1}{100+t}dt}dt + c\right] = \frac{1}{100+t}\left[\int 3(100+t)\,dt + c\right]$$

$$= \frac{1}{100+t}\left(300t + \frac{3}{2}t^2 + c\right)$$

이고, $y(0)=50$이므로 $c=5000$이다. 따라서 용기 안의 소금의 양

$$y(t) = \frac{1}{100+t}\left(\frac{3}{2}t^2 + 300t + 5000\right)$$

이다.

혼합 용액 모델(2)

한 개의 용기에서의 혼합 용액 문제는 한 개의 선형미분방정식에 의해 모델링되고 두 개의 용기에 대해서도 모델링의 원리는 같지만 연립 선형미분방정식으로 모델링 된다.

만약 [그림 2]와 같이 두 개의 용기가 있다. 용기 A는 소금 $20g$이 녹아있는 소금물 $40l$를 담고 있고, 용기 B는 순수한 물 $40l$를 담고 있다. 두 용기는 교환되는 혼합물이 잘 섞여 있다고 한다. 시간 t에서 용기 A와 용기 B에 있는 소금의 양을 각각 $y_1(t)$와 $y_2(t)$로 표현하는 수학적 모형을 구하여 보자.

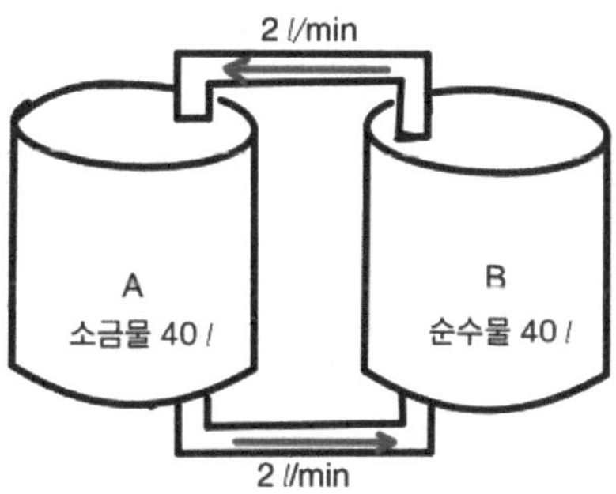

[그림 2]

용기가 한 개인 경우와 같이 $y_1(t)$의 변화율과 $y_2(t)$의 변화율은 [그림 2]로부터

$$y_1{}' = (\text{분당 유입률}) - (\text{분당 유출률}) \;=\; 2\left(\frac{y_2}{40}\right) - 2\left(\frac{y_1}{40}\right) \quad (\text{용기 A})$$

$$y_2{}' = (\text{분당 유입률}) - (\text{분당 유출률}) \;=\; 2\left(\frac{y_1}{40}\right) - 2\left(\frac{y_2}{40}\right) \quad (\text{용기 B})$$

이고 $y_1(0) = 20, y_2(0) = 0$이다. 따라서 용기가 두 개인 혼합문제의 수리모델은 1계 제차 연립 선형미분방정식

$$\begin{cases} y_1{}' = -\dfrac{1}{20}y_1 + \dfrac{1}{20}y_2 \\ y_2{}' = \;\;\dfrac{1}{20}y_1 - \dfrac{1}{20}y_2 \end{cases}, \quad y_1(0) = 20, \;\; y_2(0) = 0$$

가 된다.

예제 4

용기 A에는 초기에 소금 $150g$가 녹아있는 소금물 $200l$가 들어 있고, 용기 B에는 초기에 $150g$의 소금이 녹아있는 소금물 $100l$가 들어 있다([그림 3]). 용액을 분당 $2l$의 속도로 순환시키며 잘 휘저으면(혼합 용액을 균일하게 유지하기 위해), A내의 소금의 양 $y_1(t)$과 B내의 소금의 양 $y_2(t)$는 시간 t에 따라 변한다. A내의 소금의 양이 B내에 남아있는 소금 양의 적어도 1.5배가 되기 위해서 걸리는 시간을 구하여라. 단, $\ln(5/2)=0.9$으로 계산하여라.

〖 풀이 〗

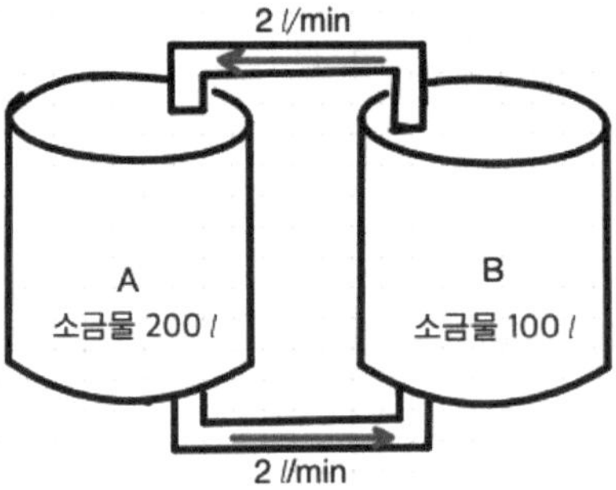

[그림 3]

$$y_1{}' = (\text{분당 유입률}) - (\text{분당 유출률}) = 2\left(\frac{y_2}{100}\right) - 2\left(\frac{y_1}{200}\right) \quad (\text{용기 A})$$

$$y_2{}' = (\text{분당 유입률}) - (\text{분당 유출률}) = 2\left(\frac{y_1}{200}\right) - 2\left(\frac{y_2}{100}\right) \quad (\text{용기 B})$$

이고 $y_1(0)=150, y_2(0)=150$이다.

$$\begin{cases} y_1{}' = -\dfrac{2}{200}y_1 + \dfrac{2}{100}y_2 \\ y_2{}' = \dfrac{2}{200}y_1 - \dfrac{2}{100}y_2 \end{cases}, \quad y_1(0)=150,\ \ y_2(0)=150$$

가 된다.

$\boldsymbol{y}=\begin{pmatrix} y_1 \\ y_2 \end{pmatrix}$로 두면 $\boldsymbol{y}' = \begin{pmatrix} -\dfrac{1}{100} & \dfrac{2}{100} \\ \dfrac{1}{100} & -\dfrac{2}{100} \end{pmatrix}\boldsymbol{y}$이고 $\boldsymbol{y}(0)=\begin{pmatrix} 150 \\ 150 \end{pmatrix}$이다.

특성방정식 $\begin{vmatrix} -\dfrac{1}{100}-\lambda & \dfrac{2}{100} \\ \dfrac{1}{100} & -\dfrac{2}{100}-\lambda \end{vmatrix}=0$에서 $\lambda^2+\dfrac{3}{100}\lambda=0$을 만족하는 고윳값은

$\lambda_1 = 0, \lambda_2 = -\dfrac{3}{100}$ 이다.

고윳값 $\lambda_1 = 0$ 에 대응하는 고유벡터는 $\begin{pmatrix} 2 \\ 1 \end{pmatrix}$이고

고윳값 $\lambda_2 = -0.03$에 대응하는 고유벡터는$\begin{pmatrix} 1 \\ -1 \end{pmatrix}$이다.

그러므로 $\boldsymbol{y} = c_1\begin{pmatrix} 2 \\ 1 \end{pmatrix} + c_2\begin{pmatrix} 1 \\ -1 \end{pmatrix}e^{-0.03t}$ 이고. $\boldsymbol{y}(0) = \begin{pmatrix} 150 \\ 150 \end{pmatrix}$에서 $\begin{pmatrix} 150 \\ 150 \end{pmatrix} = \begin{pmatrix} 2c_1 + c_2 \\ c_1 - c_2 \end{pmatrix}$이므로

$c_1 = 100,\ c_2 = -50$이다. 따라서 $\boldsymbol{y} = 100\begin{pmatrix} 2 \\ 1 \end{pmatrix} - 50\begin{pmatrix} 1 \\ -1 \end{pmatrix}e^{-0.03t}$이다.

A 내의 소금의 양이 B 내에 남아있는 소금 양의 적어도 1.5배가 되기 위해서는 $y_1(t) \ge 1.5y_2(t)$을 만족해한다. $200 - 50e^{-0.03t} \ge 1.5(100 + 50e^{-0.03t})$에서 $t \ge \dfrac{\ln(2/5)}{-0.03} \approx 30.5$이므로 31분 이후에 A 내의 소금의 양이 B 내에 남아있는 소금 양의 적어도 1.5배가 된다.

혼합 용액 모델(3)

[그림 4]와 같이 두 개의 용기가 있다. 용기 A는 소금 $25g$이 녹아있는 소금물 $50l$를 담고 있고, 용기 B는 순수한 물 $50l$를 담고 있다. 그림과 같이 외부로부터 용기 안으로, 밖으로 소금물이 들어오고 나가고 있다. 두 용기는 교환되는 혼합물이 잘 섞여 있다고 하자. 시간 t에서 용기 A와 용기 B에 있는 소금의 양 $y_1(t)$와 $y_2(t)$를 표현하는 수학적 모형을 구하여 보자.

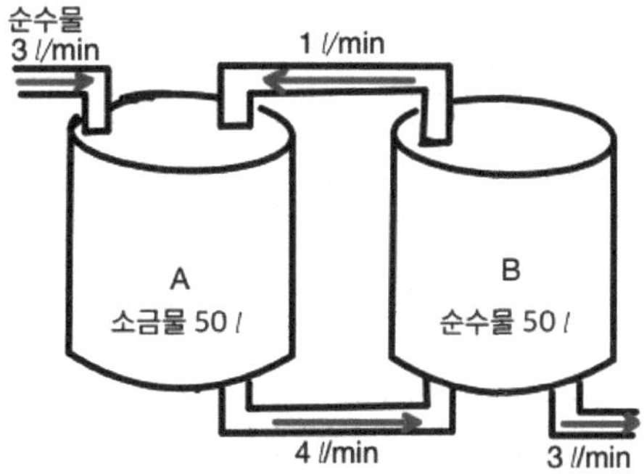

[그림 4]

$$y_1{}' = (\text{분당 유입률}) - (\text{분당 유출률}) = 3(0) + 1\left(\frac{y_2}{50}\right) - 4\left(\frac{y_1}{50}\right) \quad (\text{용기 A})$$

$$y_2{}' = (\text{분당 유입률}) - (\text{분당 유출률}) = 4\left(\frac{y_1}{50}\right) - 3\left(\frac{y_2}{50}\right) - 1\left(\frac{y_2}{50}\right) \quad (\text{용기 B})$$

이고 $y_1(0) = 25, y_2(0) = 0$이다. 따라서 용기가 두 개인 혼합문제의 수리모델은 1계 연립 선형미분방정식

$$\begin{cases} y_1{}' = -\dfrac{2}{25}y_1 + \dfrac{1}{50}y_2 \\ y_2{}' = \quad \dfrac{2}{25}y_1 - \dfrac{2}{25}y_2 \end{cases}, \; y_1(0) = 25, \; y_2(0) = 0$$

가 된다.

연습문제 8.5

1. $100g$의 소금이 용해되어 있는 $400l$의 소금물이 들어 있는 용기가 있다. 순수한 물이 분당 $2l$의 속도로 용기에 유입된다. 잘 휘저어져 거의 균일하게 유지된 혼합용액이 같은 속도로 흘러나온다. 1시간 후에 용기 안의 소금의 양을 구하여라.

2. $50g$의 소금이 녹아있는 $300l$의 소금물이 들어 있는 용기가 있다. 리터당 $1g$의 소금이 녹아있는 소금물이 분당 $2l$로 용기에 유입된다. 잘 휘저어서 거의 균일하게 유지된 혼합용액이 분당 $3l$로 흘러나간다. t시간 후에 용기 안의 소금의 양을 구하여라.

3. 순수한 물 $100l$가 들어 있는 용기가 있다. 리터당 $10g$의 소금이 녹아있는 소금물이 분당 $4l$로 용기에 유입된다. 잘 휘저어서 거의 균일하게 유지된 혼합용액이 같은 비율로 흘러나간다. 용기 안의 소금의 양이 $100g$이 되기 위하여 걸리는 시간을 구하여라.

4. 순수한 물 $100l$가 들어 있는 용기가 있다. 리터당 yg의 소금이 녹아있는 소금물이 분당 $2l$로 용기에 유입된다. 잘 휘저어서 거의 균일하게 유지된 혼합용액이 분당 $3l$로 흘러나간다. 20분 후 용기 안의 소금의 농도가 리터당 $10g$이라면 y는 얼마인가?

5. 용기 A는 소금 $20g$이 녹아있는 소금물 $40l$를 담고 있고, 용기 B는 순수한 물 $40l$를 담고 있다. 용액을 분당 $2l$의 속도로 순환시키며 잘 휘저으면(혼합용액을 균일하게 유지하기 위해), A내의 소금의 양 $y_1(t)$과 B내의 소금의 양 $y_2(t)$는 시간 t에 따라 변한다. t시간 후에 용기 A, B에 있는 소금의 양을 구하여라.

6. 다음 그림과 같은 시스템에서 용기 A, B에 들어 있는 소금의 양 $y_1(t), y_2(t)$를 구하는 수리모델링을 구하여라.

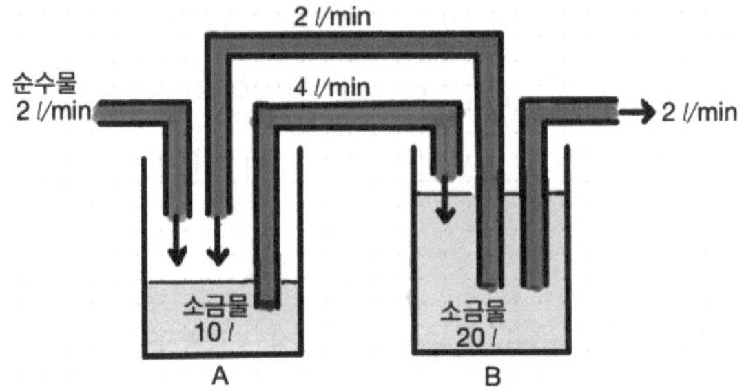

7. 다음 그림과 같은 시스템에서 용기 A, B, C에 들어 있는 소금의 양 $y_1(t), y_2(t), y_3(t)$를 구하는 수리모델링을 구하여라.

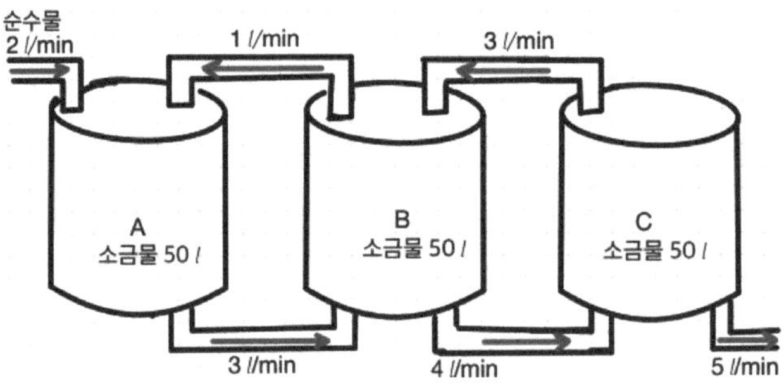

Chapter 09

의학계열 수리모델링

Medical Mathematical Modeling

의약학 계열에서 수리모델링은 환자의 치료, 전염병 전파와 같은 현상을 분석하고 예측하는 아주 중요한 역할을 한다. 이는 생물학적, 의학적 데이터를 분석하고 해석하여 질병, 치료법 등에 대한 이해를 높이기 위해 사용된다. 이 장에서는 의약학 계열과 관계된 다양한 실제 문제를 수학적으로 어떻게 분석하고 예측하는지를 살펴본다.

Chapter 09 의학계열 수리모델링

9.1 주사 치료 모델

주사 치료 모델링은 의학적 처리 방법 중 하나로, 약물을 주사로 투여하여 질병을 치료하는 과정을 수리적으로 모델링하는 것을 의미한다.

아스피린이나 페니실린과 같은 약품이 인체에 투여되면 약품은 혈액으로 흡수되며 시간이 지나면 각 기관으로 흡수된다. 약품의 혈액 농도의 변화율은 약품의 혈액 농도에 비례한다. 즉, 시간에 대한 약품의 혈액 농도를 $y(t)$라 하면 시간의 변화에 따른 혈액 농도는

$$\frac{dy}{dt} = -ky$$

와 같은 미분방정식을 만족한다. 이 미분방정식을 변수분리형 해법으로 풀면

$$\frac{dy}{y} = -kdt \Rightarrow \int \frac{1}{y}dy = -\int kdt \Rightarrow \ln y = -kt + c$$

이고, 그러므로 해

$$y = e^{-kt+c} = e^c e^{-kt}$$

을 얻는다.

주사를 통한 환자 치료

질병을 가진 환자를 치료할 때 주사를 통한 치료는 환자에게 약물을 매일 같은 시간에 정기적으로 투여하는 경우가 많다. 이때 약물이 부작용을 일으키지 않도록 환자 체내에 존재하는 약물의 최대 허용량을 예측하여 처방하는 것은 매우 중요하다. 체내의 약물은 체내에 존재하는 약물의 양에 비례하여 감소한다고 할 때 약물의 1회 최대 투여량을 예측해 보자.

예제 1

어떤 질병을 가진 환자에게 매일 같은 시간 T에 주사를 통하여 치료 약물을 $C_0(mg)$ 만큼 투여하고, 약물이 투여된 후 시간 T가 지나면 체내에 축적된 약물의 70%가 감소한다고 하자. 체내에 축적된 약물의 양이 $60mg$을 넘는 경우에 부작용이 생긴다면 한 번에 투여할 수 있는 약물의 최대량은 얼마인지 예측하여라.

〘 풀이 〙

시간 t에서 약물의 체내 축적량을 $C(t)$라 할 때 체내의 약물은 체내에 존재하는 약물의 양에 비례하여 감소하므로 시간 t에서 약물의 체내 축적량의 변화는 $t < T$ 일때

$$\frac{dC}{dt} = -kC$$

이고 이것의 해는 $C(t) = C_0 e^{-kt}$이다.

두 번째 투약 후 약물의 체내 축적량은 $C_2 = C_0 + C_0 e^{-kT}$이고 n번째 투약 후 체내 축적량은

$$C_n = C_0 + C_{n-1}e^{-kT} = C_0\left[1 + e^{-kT} + e^{-2kT} + \cdots + e^{-(n-1)kT}\right] = C_0\left[\frac{1-e^{-nkT}}{1-e^{-kT}}\right]$$

이다. 투약이 계속될 경우 약물의 체내 축적량은

$$\lim_{n\to\infty} C_n = \lim_{n\to\infty} C_0\left[\frac{1-e^{-nkT}}{1-e^{-kT}}\right] = \frac{C_0}{1-e^{-kT}}$$

이다. 약물이 투여된 후 시간 T가 지나면 체내에 축적된 약물의 70%가 감소하므로 약물의 체내 축적량은 초기투여량의 30%가 되므로 $e^{-kT} = 0.3$이 되고 체내에 축적된 약물의 양이 $60mg$을 넘는 경우 부작용이 생기므로

$$\lim_{n\to\infty} C_n = \frac{C_0}{1-0.3} \le 60 \Rightarrow C_0 = 42$$

이다. 따라서 한 번에 투여할 수 있는 약물의 최대량은 $42\,mg$이다.

마취제

펜토바르비탈은 짧은 시간 동안 진정, 최면 전 마취와 함께 비상 상황에서의 경련 조절에 사용하며 수의사들은 동물 마취제로 사용한다. 또한 펜토바르비탈은 라이 증후군의 두개내의 압력을 줄이는 데 사용하며 대뇌 빈혈 환자의 뇌 손상을 줄이고 뇌사를 낮추기 위해 사용하기도 한다. 이 외에도 만니톨로 인한 급성 간 기능부전에 혼수상태를 일으키는 목적으로 쓰이기도 하는 약물이지만 과량 투여 시 호흡기를 억제시켜 죽음에 이르게 한다. 다음 예제를 통하여 수술을 할 때 펜토바르비탈의 초기량을 얼마나 투여할 지 예측해 보자.

예제 2

펜토바르비탈 나트륨으로 개를 마취시켜 수술을 하고자 한다. 개는 혈관 속에 펜토바르비탈 나트륨이 몸무게 $1kg$ 당 최소 $45mg$이 존재하면 마취상태가 유지된다. 펜토바르비탈 나트륨은 개의 혈관 속에서 지수적으로 감소하고, 그 양이 반으로 줄어드는데 5시간이 걸린다. $10kg$의 개를 2시간 마취시킬 때 필요한 최소의 마취제 투여량을 예측하여라.

〖 풀이 〗

펜토바르비탈 나트륨은 개의 혈관 속에서 지수적으로 감소하므로 시간에 따른 혈관 속에 남아있는 펜토바르비탈 나트륨의 양을 $y(t)$라 하면

$$y' = -ky$$

이고 $y(t) = Ae^{-kt}$, $y(0) = A$이다. 펜토바르비탈 나트륨의 초기 투여량이 A이고 이것이 반으로 줄어드는데 5시간이 걸리므로

$$y(0) = A,\ y(5) = Ae^{-5k} \Rightarrow Ae^{-5k} = \frac{1}{2}A \Rightarrow e^{-5k} = \frac{1}{2}$$

이다. $10kg$의 개를 2시간 마취상태가 유지시키기 위해서는 혈관 속에 최소 $450mg$의 펜토바르비탈 나트륨이 존재해야 한다. 따라서

$$y(2) = Ae^{-2k} = 450 \Rightarrow A = \frac{450}{e^{-2k}} = \frac{450}{(e^{-5k})^{\frac{2}{5}}} = \frac{450}{(\frac{1}{2})^{0.4}} \approx 593.78$$

이고 초기 펜토바르비탈 나트륨의 투여량은 약 $594mg$ 이다.

포도당

포도당은 곡류나 과일 같은 탄수화물 음식을 먹으면 소화기관을 거치면서 체내에 흡수되기 위해 잘게 분해된다. 신체의 혈관 속의 포도당은 현재 혈관 속의 포도당의 양에 비례하여 다른 물질로 변화시키고 변화된 물질로 뇌, 신경, 폐 조직에 있어서 주된 에너지원으로 사용된다. 다음 예제를 통하여 시간이 무한히 지났을 때 혈관 속의 포도당이 어떤 값으로 유지되는지 예측해 보자.

예제 3

어느 환자에게 포도당 정맥 주사를 분당 $10(ml)$의 비율로 투여하고 있다고 하자. 혈관 속의 포도당 $R(t)$은 현재 양에 비례하여 다른 물질로 변화한다. 처음 혈관 속의 포도당 양이 100이라면 $t \to \infty$일 때 $R(t)$의 양을 예측하여라.

【 풀이 】

포도당 $R(t)$은 현재 양에 비례하여 다른 물질로 변화하고 포도당 정맥 주사를 분당 $10(ml)$의 비율로 투여하고 있으므로 이것을 미분방정식으로 분석하면

$$\frac{dR}{dt} = -kR + 10 = -k\left(R - \frac{10}{k}\right)$$

이다. 이 미분방정식을 풀이해 보면

$$\int \frac{1}{R - \frac{10}{k}} dR = \int -k dt \Rightarrow R(t) = \frac{10}{k} + Ce^{-kt}$$

이고 $R(0) = 100$이므로

$$100 = \frac{10}{k} + C \Rightarrow R(t) = \frac{10}{k} + \left(100 - \frac{10}{k}\right)e^{-kt}$$

이다. 따라서 $t \to \infty$일 때 $R(t)$의 양은 $\lim_{t \to \infty} R(t) = \frac{10}{k}$이다.

카페인

카페인(caffeine)은 메틸크산틴 계열의 중추신경계 각성제로 세계에서 가장 널리 사용되는 향정신성 약물이다. 카페인은 신체에 들어왔을 때 기분을 행복하게 해주는 도파민이라는 신경 전달 물질을 분비한다. 또한 활동을 통한 피로가 쌓이면 아데노신이 생성되는데 카페인은 아데노신 작용을 억제해 각성 효과를 주며 운동 수행 능력이나 일시적으로 암기력을 높여주기도 한다. 카페인의 일일 권장 섭취량은 일반성인은 $400mg$ 이하 성장기 청소년은 $125mg$이하이다.

혈류 내 시간에 대한 카페인 양의 변하는 혈류 내 존재하는 카페인 양에 비례하여 감소한다. 또한 보통 성인은 카페인은 섭취한 후 다음과 같은 현상은 보인다.

$10 \sim 15$(분) : 카페인이 혈류를 타고 들어가기 시작하는 시간
$30 \sim 45$(분) : 혈류 속 카페인이 수치가 최고조에 이르는 시간
$50 \sim 60$(분) : 카페인이 체내에 완전히 흡수되는 시간
$5 \sim 6$(시간) : 혈류에서 카페인 함유량이 50% 감소하는 시간 (카페인의 반감기)
$12 \sim$ (시간) : 혈류에서 카페인 함유량이 거의 없어지는 시간

예제를 통하여 시간에 대한 혈류 속 카페인의 양을 예측해 보자.

예제 4

어떤 성인의 혈류 속 카페인 함량이 $200mg$이라고 하자. 시간 t일 때 혈류 속 카페인의 양을 예측하여라.

〖풀이〗

시간에 대한 혈류 속 카페인 양을 $y(t)$라 하자. 혈류 속 시간에 대한 카페인 양의 변화는 혈류 속에 존재하는 카페인 양에 비례하여 감소하므로

$$\frac{dy}{dt} = -ky$$

이고 이 미분방정식을 변수분리형으로 풀이하면 $y(t) = Ce^{-kt}$이다. 초깃값이 $y(0) = 200$이므로 $y(t) = 200e^{-kt}$이고 반감기가 5시간이므로

$$100 = 200e^{-5k} \Rightarrow -\ln 2 = -5k \Rightarrow k = \frac{\ln 2}{5} \approx 0.14$$

이다. 따라서 시간 t일 때 혈류 속 카페인의 양은 $y(t) = 200e^{-0.14t}$이다.

종양세포

종양은 세포 증식에 의해 성장하고 종양 내 세포 증식 속도는 시간에 따라 감소하며 세포 증식 속도의 감소는 종양의 크기에 비례한다. 종양의 곰페르츠(Gompertz) 모델은 종양의 성장은 초기에는 제한 요인에 의해 저해되지 않고 빠른 속도로 진행되지만 성장이 진행됨에 따라 산소와 영양 부족과 같은 제한 요인이나 내부 경쟁으로 인해 성장 속도가 감소하게 되는 종양의 변화가 나타나는 모델이다.

예제 5

종양의 곰페르츠(Gompertz) 모델은 시간에 따른 종양세포의 변화율이

$$\frac{dy}{dt} = -\alpha y \ln y \quad (\alpha > 0\text{인 상수}) \tag{1}$$

으로 분석된다. 이 모델은 $y > 1$면 산소와 영양 부족으로 종양의 내부 세포가 죽을 수 있다는 임상적 관측과 일치 한다. 미분방정식 (1)의 해를 구하여라.

【 풀이 】

미분방정식 (1)은 변수분리형 미분방정식이므로

$$\frac{dy}{dt} = -\alpha y \ln y \Rightarrow \frac{1}{y \ln y} dy = -\alpha dt \Rightarrow \int \frac{1}{y \ln y} dy = -\int \alpha dt$$

이고

$$\int \frac{1}{y \ln y} dy = \ln(\ln y) + C_1$$

이다.

$$\int \frac{1}{y \ln y} dy = -\int \alpha dt \Rightarrow \ln(\ln y) = -\alpha t + C_1 \Rightarrow \ln y = Ce^{-\alpha t}$$

이므로 $y(t) = e^{Ce^{-\alpha t}}$이다.

시신의 사망 시간

죽은 자는 체온으로 사망 시간을 말한다. 즉 시신의 사망 시간을 추정할 때 체온 측정법이 자주 쓰인다. 사람은 죽은 후 2시간까지는 체온이 변하지 않지만 그 이후엔 1시간마다 평균 0.8도씩 떨어진다. 체온이 다 식어버리기 전에 시신을 부검하면 대략적인 사망 시간을 알 수 있다. 물론 체온은 주위 온도나 습도, 바람 등의 영향을 받는다. 이 때문에 법의학자들은 '헨스게법'을 이용하곤 한다. 시신의 장기 중에서 직장의 온도를 주변 온도, 체중과 비교하는 방법으로 전후 2.8시간 이내로 사망 시간을 유추할 수 있으며 이때 신뢰도는 95%다. 아주 단순하게 시간에 따른 시신 내부의 온도 변화는 시신의 발견 당시 온도와 외부 온도 차에 비례한다고 가정할 수 있다. 즉 뉴턴의 냉각 법칙을 따른다. 이와 같은 현상을 수리모델링 한 후 시신의 사망 시각을 예측 해 보자.

예제 6

밤 0시, 당신은 OO호텔 201호에서 시신 한 구가 발견되었다. 당시 방의 온도는 $20(^\circ C)$도로 일정하게 유지되고 있었고, 발견 당시 시신의 온도는 $30(^\circ C)$였다. 한 시간 뒤에 시신의 체온을 한 번 더 측정 하였고 이때 체온이 $28(^\circ C)$였고 피해자가 생존했을 때 체온이 $37(^\circ C)$로 일정하게 유지되었다고 가정하자. 다른 외부 환경의 영향을 제외하였을 때 이 시신의 사망 추정 시간을 구하여라.

〖풀이〗

$T(t)$를 시간 t에 대한 시체의 온도라고 하면

$$\frac{dT}{dt} = -k(T-20),\ \ T(0)=30,\ T(1)=28$$

이다. 변수분리형으로 미분방정식을 풀이해 보면

$$\int \frac{1}{T-20}dT = \int -kdt \Rightarrow T(t) = 20 + Ce^{-kt}$$

이다. $T(0)=30$이므로 $30 = 20 + C \Rightarrow C = 10$이고 $T(1)=28$이므로

$$T(1) = 28 = 20 + 10e^{-k} \Rightarrow -k = \ln\frac{4}{5}$$

이다. 따라서 $T(t) = 20 + 10e^{\ln\frac{4}{5}t}$이다. 피해자가 생존했을 때 체온은 $37(^\circ C)$이므로

사망 시간을 추정해 보면

$$37 = 20 + 10e^{\ln\frac{4}{5}t} \Rightarrow \frac{17}{10} = e^{\ln\frac{4}{5}t} \Rightarrow t = \frac{\ln\frac{17}{10}}{\ln\frac{4}{5}} \approx -2.38$$

이므로 시신의 사망 추정 시간은 밤 9시 23분 경이라고 예측할 수 있다.

연습문제 9.1

1. 건조기 안의 세탁물의 수분 양은 시간에 비례하여 수분을 잃는다. 15분을 건조하여 수분의 반을 잃었다면 세탁물이 거의 건조 되었을 때 걸리는 시간을 예측하여라. 단, 세탁물이 거의 건조가 된다는 것은 세탁물의 수분이 1% 이하로 남았을 때라고 하자.

2. 어떤 성인의 혈류 속 카페인 함량이 $600mg$이라고 하자. 카페인이 $400mg$이하가 되는 시간은 언제인지 예측하여라.

3. 바이에타 펜주는 제2형 당뇨병 성인 환자에서 혈당조절을 위한 보조 치료제이다. 시간에 대한 약의 축적량은 체내 축적량에 비례하여 감소한다. 또한 이 약의 말단부 반감기는 2.4시간이다. 초기 투여량이 $5\mu g$일 때 시간에 따른 체내 축적량을 예측하여라.

4. 어떤 질병을 치료하기 위하여 T 시간마다 치료제를 $C_0\,(mg)$만큼 투여한다고 한다. 이때 치료제는 주사를 통하여 투여된다고 가정한다.
   (1) n 번째 투약 직후 체내의 치료제는 얼마나 축적되겠는가?
   (2) 투약이 계속될 경우 체내에 축적되는 치료제 양은 어떻게 되겠는가?
   (3) 치료제가 투여된 후 시간 T가 지나면 체내에 축적된 치료제의 80%가 감소한다고 한다. 체내에 축적된 치료제의 양이 $50\,mg$을 넘는 경우 부작용이 생긴다면 한 번에 투약할 수 있는 치료제의 최대량은 얼마인가?

5. 펜토바르비탈 나트륨이라는 화학물질은 개를 마취시키는 데 쓰인다. 개는 혈관 속에 $1kg$당 $16\,mg$의 펜토바르비탈 나트륨이 존재하면 마취상태가 유지된다고 한다. 개의 혈관 속에서 펜토바르비탈 나트륨은 지수적으로 줄어들고, 그 양이 반으로 줄어드는 데는 2시간이 걸린다고 한다. $10\,kg$의 개를 1시간 동안 마취시키려면 마취제를 최소한 얼마나 투여해야 하는가? 단, 마취제는 주사로 한 번에 투여된다고 한다.

6. 갑상선에서 호르몬을 필요량보다 많이 만들거나 과도한 갑상선 호르몬으로 인해 갑상선 분비가 증가하면 교감신경이 흥분하고 에너지가 과하게 생성되는 갑상선 항진증이 나타날 수 있는데 이때 사용하는 대표적 약물이 메타마졸이다. 메타마졸의 반감기는 보통 7시간이고 시간에 대한 체내의 메타마졸의 양은 원래 양에 비례하여 감소한다.

(1) 갑상선 항진증 환자에게 $5mg$의 메타마졸을 투약하고 체내에 최소 $3mg$의 메타마졸이 유지 되려면 몇 시간 안에 두 번째 투여를 해야 하는지 예측하여라.

(2) 갑상선 항진증을 치료하기 위하여 8시간 마다 $5mg$의 메타마졸을 투약한다고 한다. 투약이 계속될 경우 체내에 축적되는 치료제 양을 얼마인지 예측하여라.

7. 어떤 호텔 방에서 자정 12시에 사체가 발견되었다. 신고를 받고 출동한 경찰이 현장 조사를 진행한 결과 발견 당시 사체의 온도는 $30(^\circ C)$이고, 1시간 후 사체의 온도는 $28(^\circ C)$였다. 방 안의 온도는 $20(^\circ C)$로 일정하게 유지된다고 할 때 살인사건이 일어난 시간을 구하여라. 단, 사람의 체온을 $37(^\circ C)$라 가정한다.

9.2 링거를 통한 치료 모델

병원에 내원하여 치료하는 환자는 주사 치료를 하는 경우가 대부분이나 입원 환자인 경우 링거를 통하여 치료제를 투입하여 치료하는 경우가 많다. 링거를 이용하여 치료하는 수리모델링을 살펴보고 여러 가지 경우를 예측하여 보자.

기초 대사량

잠에서 깨어난 상태에서 절대 안정을 유지할 때의 대사를 기초 대사라 하고 이때 개체가 소비하는 에너지 양, 즉 기초적인 생명을 유지하기 위해 필요한 에너지의 양을 기초 대사량이라고 한다. 평균 1일 기초 대사량은 성인 남성의 경우 $1550kcal/$일, 여성의 경우 $1200kcal/$일 이다. 기초 대사량과 다이어트의 관계에 대한 예제를 다루어 보자.

예제 1

몸무게가 $80kg$인 어떤 남성이 하루 섭취량을 $2400kcal$로 제한하는 다이어트를 한다. 남성의 기초 대사량은 $1800kcal$이고 하루에 $1kg$당 $15\,kcal$의 에너지가 소모되고 $1kg$의 지방은 $9000kcal$의 에너지로 변환된다고 한다.

(1) 남성의 몸무게가 $70kg$이하가 되는 때는 다이어트를 시작한 후 며칠 후 인지 예측하여라.

(2) 남성이 위와 같은 다이어트를 계속한다면 얼마의 몸무게로 수렴하는지 예측하여라.

【 풀이 】

(1) 시간에 대한 남성의 몸무게 변화는 몸무게 증가량-몸무게 감소량이고 남성의 몸무게를 $y(t)$라 하면 남성의 몸무게 증가량은 $\frac{600}{9000}=\frac{1}{15}$이고 몸무게 감소량은 $\frac{15}{9000}y=\frac{1}{600}y$이므로 다이어트를 시작하고 t일 후 남성의 몸무게를 $y(t)$라 하면

$$\frac{dy}{dt}=\frac{1}{15}-\frac{1}{600}y$$

이다. 이 미분방정식을 풀이해 보면 1계 선형미분방정식이므로

적분인자 $F(x)=e^{\int \frac{1}{600}dt}=e^{\frac{1}{600}t}$을 곱하면

$$e^{\frac{1}{600}t}\frac{dy}{dt}+e^{\frac{1}{600}t}\frac{1}{600}y=e^{\frac{1}{600}t}\frac{1}{15}\Rightarrow \frac{d}{dt}\left(e^{\frac{1}{600}t}y\right)=e^{\frac{1}{600}t}\frac{1}{15}$$

$$\Rightarrow e^{\frac{1}{600}t}y=\frac{1}{15}\int e^{\frac{1}{600}t}dt$$

$$e^{\frac{1}{600}t}y=40e^{\frac{1}{600}t}+C\Rightarrow y=40+Ce^{-\frac{1}{600}t}$$

이고 $y(0)=80$이므로 $80=40+C\Rightarrow C=40$ 이다. 따라서 t일 후 남성의 몸무게를 $y(t)$는 $y=40+40e^{-\frac{1}{600}t}$이다. 남성의 몸무게가 $70kg$이하가 되는 때를 구해보면

$$40+40e^{-\frac{1}{600}t}\le 70\Rightarrow \frac{1}{600}t\ge \ln\frac{4}{3}\Rightarrow t\ge 172.6$$

이므로 173일 이후부터 몸무게가 $70kg$이하가 된다.

(2) $t\to\infty$일 때 $y(t)=40$이므로 이 남성이 다이어트를 계속한다면 $40kg$으로 수렴하게 된다.

링거를 통한 환자 치료

수리모델링을 통하여 링거를 이용한 약물 투여의 상황을 예측해 보자.

예제 2

당뇨를 치료하기 위하여 하루에 12시간 동안 링거를 통하여 $R_0(mg)$만큼 치료제를 투입한다고 하자. 체내 치료제의 양은 체내 존재하는 치료제의 양에 비례하여 감소하고 이때 감소 상수는 0.95라고 하자.

(1) 투약이 시작되어 $12t$시간 지났을 때 체내에 남아있는 치료제의 양을 예측하고 체내에 존재하는 치료제의 최대량을 구하여라.

(2) 처음 투약한 치료제의 양이 $40(mg)$이라고 하고 환자의 체내에 존재하는 치료제의 양이 항상 $10(mg)$이상으로 유지되어야 한다면 환자에게 다시 투약하는 시간을 예측하여라.

(3) 일주일 입원해 있는 동안 매일 (2)와 같은 방법으로 $R_0(mg)$씩 투입한다고 할 때 7번째 투약이 끝난 직후 체내에 존재하는 치료제의 양이 $55(mg)$을 넘지 않도록 하려면 $R_0(mg)$의 최대량은 얼마인지 예측하여라.

〖 풀이 〗

(1) $12t$ 시간 지났을 때 체내에 남아있는 치료제의 양을 $y(t)$라 하면

$$\frac{dy}{dt} = \text{유입량-유출량} = S(t) - 0.95y \tag{1}$$

여기서 유입량 $S(t) = \begin{cases} R_0, & 0 \le t \le 1 \\ 0, & t > 1 \end{cases}$ 이다.

항상 $y(t) \le R_0$이므로 $\frac{dy}{dt} > 0 \, (0 < t < 1)$, $\frac{dy}{dt} < 0 \, (t > 1)$이고 $y(t)$는 $t = 1$일 때 최대이다.

선형미분방정식 (1)을 풀면

$$e^{0.95t} y(t) = \int_0^t e^{0.95s} S(s) ds = \begin{cases} \dfrac{R_0}{0.95}(e^{0.95t} - 1), & 0 \le t \le 1 \\ \dfrac{R_0}{0.95}(e^{0.95} - 1), & t > 1 \end{cases}$$

이고

$$y(t) = \begin{cases} \dfrac{R_0}{0.95}(1 - e^{0.95t}), & 0 \le t \le 1 \\ \dfrac{R_0}{0.95}(e^{0.95} - 1)e^{-0.95t}, & t > 1 \end{cases}$$

이다. $y(t)$는 $t = 1$일 때 최대이므로 체내에 존재하는 치료제의 최대량은

$$y(1) = \frac{R_0}{0.95}(1 - e^{-0.95}) \approx 0.65 R_0$$

이다.

(2) 시간이 $12t \; (t > 1)$ 만큼 지났을 때 체내 치료제의 양은

$$y(t) = \frac{40}{0.95} e^{-0.95t}(e^{0.95} - 1)$$

이다. $y(T) = 10$이라면

$$10 = \frac{40}{0.95} e^{-0.95T}(e^{0.95} - 1) \Rightarrow T = \frac{\ln\left(\dfrac{0.95}{4(e^{0.95}-1)}\right)}{-0.95} \approx 2$$

이다. 따라서 처음 투약을 시작한 후 $12(2) = 24$시간 이후 다시 투약을 해야 한다.

(3) 유입량은

$$S(t) = \begin{cases} R_0, & 2n \le t \le 2n+1 \\ 0, & 2n+1 < t < 2(n+1) \end{cases}, \; n = 0, 1, \cdots 6$$

이다. 마지막 투약이 끝나면 $t = 13$이다.

$$e^{0.95(13)} y(13) = \int_0^{13} S(t) e^{0.95t}\, dt$$

$$= R_0 \left[1 + (e^{0.95})^2 + (e^{0.95})^4 + \cdots + (e^{0.95})^{12}\right] \int_0^1 e^{0.95t} dt$$

$$= \frac{R_0}{0.95}\left(\frac{(e^{0.95})^{14} - 1}{e^{0.95} + 1}\right)$$

이다. 7번째 투약이 끝난 직후 체내에 존재하는 치료제의 양은

$$y(13) = e^{-0.95 \times 13} \frac{R_0}{0.95}\left(\frac{(e^{0.95})^{14} - 1}{e^{0.95} + 1}\right) \approx 0.76 R_0$$

이고 $55(mg)$을 넘지 않아야 하므로 한 번에 투약할 수 있는 최대량 R_0은

$$R_0 \le \frac{55}{0.76} \approx 72.3$$

이다.

연습문제 9.2

1. 함수 $S(t)$를 학습 시간에 따른 내용의 습득 정도라 할 때 함수 S의 해 곡선을 학습 곡선(learning curve) 이라 한다. 함수 S는 다음 미분방정식의 해이다.

$$\frac{dS}{dt} = k(M - S)$$

여기서 k, M은 양의 상수이다. 미분방정식을 풀어 학습 시간에 대한 학습 곡선을 구하여라.

2. 환자의 혈액 내의 어떤 호르몬의 준위가 시간에 따라 변한다고 하자. $y(t)$를 시간 t에서 호르몬 준위라 하면 시간에 대한 호르몬 준위의 변화는

$$\frac{dy}{dt} = \text{입력} - \text{출력} = A + B\cos\left(\frac{2\pi t}{24}\right) - Ky(t)$$

을 만족한다. 여기서 A는 평균 입력 속도, Ky는 제거 속도이고 A, B, K 는 상수이다. 시간 t에서 호르몬 준위 $y(t)$를 구하여라.

3. 어떤 약물 $I(t)$를 다음과 같이 투여하고

$$I(t) = \begin{cases} 25, & 0 \le t \le 24 \\ 0, & t > 24 \end{cases}$$

시간에 대한 약물의 체내 존재량 $y(t)$을 조사하였다. 투여된 약물은 체내 양의 0.03 비율로 감소하고 시간에 대한 약물의 체내 존재량의 변화는

$$\frac{dy}{dt} = I(t) - 0.03y$$

의 미분방정식을 따른다. 체내에 존재하는 약물이 최대가 되는 시간과 최대량을 예측하여라.

4. 혈액 투석 시 체내에 존재하는 노폐물의 양을 $y(t)$라 하고 투석을 항상 하고 있다고 가정할 때 시간에 대한 노폐물 양의 변화는

$$\frac{dy}{dt} = k_1 - k_2 y$$

로 모델링 된다. 여기서 k_1은 체내에서 생성되는 노폐물의 양, k_2는 투석 시 뽑아내는 혈액량 상수이다. 시간 t일 때 체내에 존재하는 노폐물의 양을 예측하여라.

9.3 약을 통한 치료 모델

약을 통한 환자 치료

우리는 감기에 걸렸을 때 보통 아스피린이나 타이레놀과 같은 감기약을 섭취하여 치료를 한다. 감기약에는 항히스타민제가 포함되어 있는데 항히스타민제는 두드러기, 발작 등 알레르기성 질환을 억제하고 콧물, 재채기, 불면, 어지러움, 구토, 멀미 등을 완화하는데 사용되는 약물이다. 약에 있는 항히스타민제는 위장을 통하여 혈액으로 전달된다. 이때 위장에 항히스타민제는 그 양에 비례하여 혈액으로 전달되고 혈액에 있는 항히스타민제는 그 양에 비례하여 감소한다고 가정하자.

예제 1

한 알의 감기약에 1단위의 항히스타민제가 들어 있다고 한다. 위장에서의 항히스타민제의 감소 비율 $k_1 = 0.6$이고 혈액에서 항히스타민제의 감소 비율은 $k_2 = 0.02$이라고 할 때 다음 물음에 답하여라.

(1) 감기약을 한 알 먹었을 때 t시간 후 혈액에 있는 항히스타민제의 양을 예측하여라.

(2) 감기약을 한 알 먹었을 때 혈액에 있는 항히스타민제의 양이 최대가 되는 시간은 언제인지 예측하여라.

【 풀이 】

(1) 알약을 먹은 시점을 $t=0$라 하자. t시간 후 위장에 있는 항히스타민제의 양을 $y_1(t)$, 혈액 속에 존재하는 항히스타민제의 양을 $y_2(t)$라 하면

$$\begin{cases} \dfrac{dy_1}{dt} = -0.6\,y_1 \\ \dfrac{dy_2}{dt} = 0.6\,y_1 - 0.02\,y_2 \end{cases}$$

이다. $Y = \begin{pmatrix} y_1 \\ y_2 \end{pmatrix}$, $A = \begin{pmatrix} -0.6 & 0 \\ 0.6 & -0.02 \end{pmatrix}$라 두면 위의 연립방정식은 $Y' = AY$이고 상수 계수를 갖는 연립 선형미분방정식 풀이에 따라 특성방정식을 구하면

$$|A - \lambda I| = \begin{vmatrix} -0.6-\lambda & 0 \\ 0.6 & -0.02-\lambda \end{vmatrix} = (\lambda + 0.6)(\lambda + 0.02) = 0$$

이다. 고윳값은 $\lambda=-0.6$와 $\lambda=-0.02$이므로

(ⅰ) $\lambda=-0.6$ 일 때 $\begin{pmatrix} 0 & 0 \\ 0.6 & 0.58 \end{pmatrix}\begin{pmatrix} y_1 \\ y_2 \end{pmatrix}=\begin{pmatrix} 0 \\ 0 \end{pmatrix}$이고 고유벡터 $\begin{pmatrix} y_1 \\ y_2 \end{pmatrix}=\alpha\begin{pmatrix} 1 \\ -\dfrac{60}{58} \end{pmatrix}$이다.

(ⅱ) $\lambda=-0.02$ 일 때 $\begin{pmatrix} -0.58 & 0 \\ 0.6 & 0 \end{pmatrix}\begin{pmatrix} y_1 \\ y_2 \end{pmatrix}=\begin{pmatrix} 0 \\ 0 \end{pmatrix}$이고 고유벡터 $\begin{pmatrix} y_1 \\ y_2 \end{pmatrix}=\alpha\begin{pmatrix} 0 \\ 1 \end{pmatrix}$이다.

그러므로 일반해는

$$\begin{pmatrix} y_1 \\ y_2 \end{pmatrix}=C_1e^{-0.6t}\begin{pmatrix} 1 \\ -\dfrac{60}{58} \end{pmatrix}+C_2e^{-0.02t}\begin{pmatrix} 0 \\ 1 \end{pmatrix}$$

이다. 따라서 $y_1(t)=C_1e^{-0.6t}$이고 $y_1(0)=1$이므로 $y_1(t)=e^{-0.6t}$이다.

또한 $y_2(t)=-\dfrac{60}{58}e^{-0.6t}+C_2e^{-0.02t}$이고 $y_2(0)=0$이므로

$y_2(t)=\dfrac{60}{58}(e^{-0.02t}-e^{-0.6t})$이다.

(2) 혈액에 있는 항히스타민제의 양이 최대가 되는 시간은 $y'_2(t)=0$ 되는 시간이므로

$$1y'_2(t)=\frac{60}{58}\left(0.6e^{-0.6t}-0.02e^{-0.02t}\right)=0$$

이다. 따라서 $t=\dfrac{100}{58}\ln 30\approx 5.9$시간 후이다.

연습문제 9.3

1. 술을 마셨을 때 알코올 섭취량을 $x(t)$라 하면 시간에 대한 알코올 섭취량의 변화 $\frac{dx}{dt}$는 혈중 알코올 농도 $y(t)$에 비례해서 감소하고 시간에 대한 혈중 알코올 농도의 변화 $\frac{dy}{dt}$는 알코올 섭취량에 비례하여 증가하고 혈중 알코올 분해에 비례하여 감소한다. 즉 다음과 같은 모델링을 따른다고 할 때

$$\begin{cases} \frac{dx}{dt} = -\alpha y \\ \frac{dy}{dt} = x - \beta y \end{cases}$$

혈중 알코올 농도 $y(t)$을 구하여라.

2. 티록신은 갑상선 호르몬의 일종이고 갑상선 기능 저하증에 주로 사용되는 신지로이드는 체내 티록신을 보충한다. 보통 하루 기준 신지로이드를 통해 들어오는 티록신의 양은 $0.05mg$이다. 시간 t일 때 혈중 티록신의 양을 $y(t)$, 갑상선에서 생성되는 티록신의 양을 $x(t)$라 하면 혈중 시간에 대한 혈중 티록신의 변화 $\frac{dy}{dt}$와 시간에 대한 갑상선에서 생성되는 티록신의 변화 $\frac{dx}{dt}$은 다음과 같은 현상을 보인다.

$$\begin{cases} \frac{dy}{dt} = 0.05 + 0.3x - 0.4y \\ \frac{dx}{dt} = -0.5y \end{cases}$$

혈중 티록신의 양 $y(t)$와 갑상선에서 생성되는 티록신의 양 $x(t)$을 구하여라.

3. 한 알의 감기약에 1단위의 항히스타민제가 들어 있다고 한다. 위장에서의 항히스타민제의 감소비율은 0.69(/시간)이고 혈액에서의 항히스타민제의 감소비율은 0.02(/시간)이다. 감기약을 한 알 먹었을 때, 10시간 후 혈액에 있는 항히스타민제의 양을 구하여라.

9.4 전염병 전파 모델

SI 감염 모델

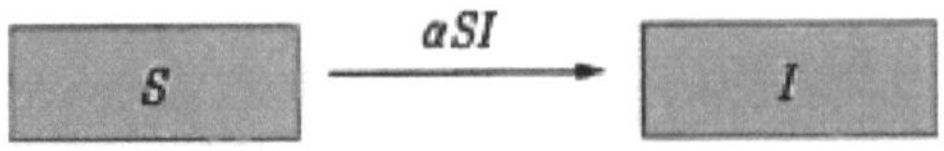

전염병이 한 번 걸리면 회복되지 않는 전파 감염은 SI모델을 따른다.

인구가 N인 어떤 지역에서 전염병이 퍼지기 시작하였다고 하자. 이 전염병은 감염자와 비감염자의 접촉으로 인해 전염된다고 한다. 이 전염병은 치료가 불가능하고 이 병으로 사망하는 사람도 없고 인구의 변화도 없다고 하자. 이런 가정을 현실적인 모형에 벗어나지만 특수한 지역과 기간에서는 가능한 전파 감염 모델이다. 이 전염병의 수리모델을 살펴보자. 시간 t에 전염병에 감염된 사람의 수를 $y(t)$라고 하면

$$\frac{dy}{dt} = ky(N-y) = kNy - ky^2 \tag{1}$$

이다. 미분방정식 (1)을 풀면

$$u = y^{-1} \Rightarrow \frac{du}{dt} = -y^{-2}\frac{dy}{dt} = -y^{-2}(kNy - ky^2) = -kNu + k \Rightarrow \frac{du}{dt} + kNu = k \tag{2}$$

이다. 적분인자 $e^{\int kN\,dt} = e^{kNt}$을 미분방정식 (2)에 곱하면

$$e^{kNt}\frac{du}{dt} + e^{kNt}kNu = e^{kNt}k \Rightarrow \frac{d}{dt}(e^{kNt}u) = ke^{kNt} \Rightarrow e^{kNt}u = \int ke^{kNt}dt = \frac{k}{kN}e^{kNt} + C$$

이다. 따라서

$$u = \frac{1}{N} + Ce^{-kNt} \Rightarrow y = \frac{1}{\frac{1}{N} + Ce^{-kNt}}$$

이다. 이 전염병은 시간이 흐르면 전염병의 감염자가 전체 인구로 수렴함을 알 수 있다. 인구가 일정한 사회에서 소문이 퍼지는 현상도 이 모델을 적용시킬 수 있다.

예제 1

전체 인구는 5000명이고, 인구의 출입이 없는 섬 A가 있다. 이 섬에 독감 환자 1명이 발생하였다. 독감이 퍼져서 2일 후 환자가 20명이 되었다. 독감의 회복기간은 2주이고, 잠복기는 없으며, 독감으로 인해 사망하는 경우도 없다고 할 때 일주일 후 독감 환자 수를 예측하여라.

〖풀이〗

$y(t)$를 t일 후 독감 환자의 수라고 하자. 그러면 $y(t)$는 다음 미분방정식을 만족한다.

$$\frac{dy}{dt} = ky(5000 - y) = 5000ky - ky^2 \tag{3}$$

미분방정식 (3)을 풀면

$$y(t) = \frac{1}{\frac{1}{5000} + ce^{-5000kt}}$$

이고 최초 독감 환자 수가 1명이므로

$$y(0) = \frac{1}{\frac{1}{5000} + c} = 1 \Rightarrow c = \frac{4999}{5000}$$

이다. 그러므로 $y(t) = \dfrac{5000}{1 + 4999e^{-5000kt}}$ 이다. 2일 후 환자가 20명이 되었으므로 $y(2) = 20$을 만족하는 해를 구해보면

$$y(2) = \frac{5000}{1 + 4999e^{-10000k}} = 20 \Rightarrow e^{-10000k} = \frac{249}{4999} \Rightarrow k \approx 0.0003$$

이다. 따라서

$$y(7) = \frac{5000}{1 + 4999e^{-35000(0.0003)}} \approx 4395$$

이므로 일주일 후 독감 환자 수는 약 4395명이다.

SIS 감염 모델

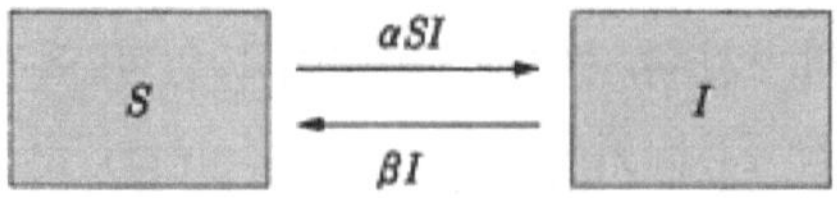

전염병에서 회복되고 나서도 면역이 생기지 않는 전파 감염은 SIS모델을 따른다. M은 전체 인구수, S는 감염가능자, I는 감염자, α는 감염될 확률, β는 회복 계수를 의미한다. 회복계수 β는 감염 기간이 n일인 경우 $\beta=\dfrac{1}{n}$을 많이 사용한다.

$$I'=\alpha S(t)I(t)-\beta I(t)=\alpha(M-I)I-\beta I=(\alpha M-\beta)I-\alpha I^2=\gamma I-\alpha I^2$$

단, $\gamma=\alpha M-\beta$이다. 이것은 로지스틱 방정식을 따르며 해는

$$I(t)=\frac{1}{\frac{\alpha}{\gamma}+ce^{-\gamma t}} \tag{4}$$

이다. SIS모델의 $I(t)$를 분석해보면 시간 $t\to\infty$ 일 때 감염자의 수는

$$I=\frac{\gamma}{\alpha}=\frac{\alpha M-\beta}{\alpha}=M-\frac{\beta}{\alpha}$$

가 된다는 것을 의미한다.

예제 2

인구가 5000명인 도시에 전염병 환자 1명이 발생하였다. 감염될 확률은 0.01%, 회복 기간은 10일이고, 이 전염병은 회복되었더라도 면역이 생기지 않는다.

(1) 2주일 후 감염자의 수를 예측하여라.

(2) 시간이 무한히 흘렀을 때 감염된 사람의 수를 예측하여라.

【풀이】

(1) 식 (4)에 의해

$$I(t)=\frac{1}{\frac{\alpha}{\gamma}+ce^{-\gamma t}}=\frac{1}{\frac{0.0001}{0.4}+ce^{-0.4t}}=\frac{1}{\frac{1}{4000}+ce^{-0.4t}}$$

이다. 전염병 환자가 1명 발생하였으므로 $I(0)=\dfrac{1}{\frac{1}{4000}+c}=1$이고 $c=\dfrac{3999}{4000}$이다.

따라서

$$I(t)=\frac{1}{\frac{1}{4000}+\frac{3999}{4000}e^{-0.4t}}=\frac{4000}{1+3999e^{-0.4t}}$$

이고 2주일 후 감염자의 수는

$$I(14)=\frac{4000}{1+3999e^{-5.6}}=253.36$$

이다.

(2) 시간 $t \to \infty$ 일 때 감염자의 수는 $I=5000-\frac{0.1}{0.0001}\approx 4000$ 이다.

연습문제 9.4

1. 학생 수가 100명인 학교가 있다. 한 명의 학생이 다른 학생들에게 소문을 퍼뜨린다고 하자. 소문이 퍼지는 속도는 소문을 들은 학생 수 y와 소문을 듣지 않은 학생 수에도 비례한다고 가정하면, 10일 후 소문을 들은 학생 수는 얼마가 되겠는가? 단 5일 후 소문을 들은 학생 수는 50명이고, 전체 학생 수는 변동이 없다고 가정한다.

2. 학생 수가 30명인 학급이 있다. 감기 바이러스를 가진 한 명의 학생이 다른 학생들에게 바이러스를 퍼뜨린다고 하자. 바이러스가 퍼지는 속도는 감염 학생 수에 비례할 뿐 아니라 감염되지 않은 학생 수에도 비례한다고 가정하면, 7일 후 감염자 수는 얼마가 되겠는가? 단 4일 후 감염자 수는 4명이고, 전체 학생 수는 변동이 없다고 가정한다.

3. 전체 인구수가 20명이라 가정하고 1일차 감염 가능한 사람은 17명, 감염된 사람은 3명, 회복 되거나 사망한 사람의 수는 0명이다. 일정 기간 동안 감염 가능한 사람이 감영된 사람과 마주칠 횟수가 2번 마주쳤을 때 감염될 확률은 0.3이고 감염된 사람의 회복율 γ은 0.2라고 하자.
   (1) 감염 전파율 β를 구하여라.
   (2) 1일차 데이터를 가정하여 2일차에 감염 가능한 사람의 수 S_2, 새로 감염된 사람의 수 I_2, 회복되거나 사망한 사람의 수 R_2을 구하여라.
   (3) n일차 감염 가능한 사람의 수 S_n, 새로 감염된 사람의 수 I_n, 회복되거나 사망한 사람의 수 R_n이라 할 때 S_{n+1}, I_{n+1}, R_{n+1}을 구하여라.
   (이 모델을 이산 SIR 모델이라고 한다.)

4. 엑셀 프로그램을 이용하여
   (1) 전체 인구수 10000명, 감염 전파율 0.7, 회복율 0.3일 때 30일 동안 감염병 추이를 예측하여라.
   (2) (1)과 같은 조건에서 방역 대책 이후 감염 전파율이 0.63으로 감소했을 때 감염병 추이를 예측하여라.
   (3) (1)과 같은 조건에서 회복율이 0.36으로 증가했을 때 감염병 추이를 예측하여라.
   (4) (1)과 같은 조건에서 백신 접종율이 10%일 때 감염병 추이를 예측하여라.

부록

연습문제 해답

찾아보기

| 연습문제 해답 |

연습문제 1.1

1. 9

3. $x = \frac{\pi}{6}, \frac{5\pi}{6}$

5. (1) $\frac{\pi}{6}$

   (2) $-\frac{4\sqrt{5}}{9}$

7. (1) $-\frac{\pi}{4}$

   (2) $\frac{2\pi}{3}$

연습문제 1.2

1. $x = -\frac{7}{2}$

3. -2

5. $x = 0$

7. $\sqrt{3}$

9. $2 < x < 127$

11. $100\sqrt{10}$ 배

연습문제 1.3

1. $x = -\frac{7}{2}$

5. $\frac{1+\tanh x}{1-\tanh x} = e^{2x}$

9. $\sqrt{\frac{mg}{k}}$

연습문제 1.4

1. (1) f는 모든 실수에서 연속

   (2) f는 모든 실수에서 연속

5. $-\frac{\pi}{3} < a < -\frac{(3-\sqrt{2})\pi}{6}$

연습문제 2.1

1. (1) $(2x^2+3)(3x+1)^2(42x^2+8x+27)$

   (3) $\frac{1}{3}x^{-\frac{2}{3}}e^{2x} + 2\sqrt[3]{x}\,e^{2x}$

   (5) $\begin{cases} \frac{3}{3x+3}, & x > -1 \\ \frac{-3}{-3x-3}, & x < -1 \end{cases}$

   (7) $\frac{\sin\sqrt{x}}{2}$

   (9) $4\left(x+\frac{1}{x}\right)^3\left(1-\frac{1}{x^2}\right)$

   (11) $-\frac{4}{\sqrt{x^2+4}\,(x-\sqrt{x^2+4})^2}$

   (13) $\tanh x$

3. $y' = -\frac{4\sqrt{3}}{5}$, $y'' = \frac{16\sqrt{3}}{15}$

5. 1

7. $\frac{0.0021}{(0.015+[S])^2}$

연습문제 2.2

3. $c = \frac{2 \pm \sqrt{28}}{6}$

5. $\ln 3$

연습문제 2.3

1. (1) 2

   (3) 2

   (5)

   (7) e^2

   (9) 1

   (11) e^2

   (13) 0

   (15) 1

3. $c=9$

연습문제 3.1

1. (1) $\frac{2}{3}(1-e^{-x})^{\frac{3}{2}}+C$

   (3) $\frac{2}{15}(5x+x^5)^{\frac{3}{2}}+C$

   (5) $-\frac{1}{8}\cos^8 x+C$

   (7) $-\frac{1}{4}e^{-2x}(\sin 2x+\cos 2x)+C$

   (9) $e^x \ln|x|+C$

   (11) $\frac{1}{n+1}(\ln x)^{n+1}+C$

연습문제 3.2

1. (1) $\frac{5}{36}(7^{\frac{6}{5}}-1)$

   (3) $1-\sqrt{2}$

   (5) $\ln\sqrt{3}$

   (7) $\frac{4}{3\sqrt{2}}$

   (9) $\frac{4}{\ln 5}$

   (11) $\frac{28}{15}$

   (13) $\frac{1}{2\sqrt{2}}\left(\frac{2}{15}+\frac{1}{28}\right)$

   (15) $-\frac{1}{9}-\ln\left(\frac{2}{\sqrt{6}}\right)$

3. $0 \le \int_0^2 xe^{-x^3}dx \le \frac{2e^{-\frac{1}{3}}}{\sqrt[3]{3}}$

연습문제 3.3

1 .0

3. $y=-\frac{3}{4}x+3$

6. $\int_0^t f(x)dx+tf(t)+1$

8. $16\pi\sqrt{1+16\pi^4}$

연습문제 3.4

1. (1) 발산

(3) $a\pi$

(5) π

(7) $\frac{\pi}{2}$

3. (1) 수렴

(2) 발산

4. C_0, 투석 시간이 무한히 흐르면 $t=0$일 때 혈액속의 요소양이 된다.

연습문제 4.1

1. (1) 19

(3) $\sqrt{546}$

3. (1) -4

(3) $-\frac{3}{2}$

(5) $-\frac{21}{\sqrt{2}}$

4. (1) $\frac{\pi}{3}$

(2) $\cos^{-1}\left(-\frac{5}{21}\right)$

연습문제 4.2

1. (1) $\begin{pmatrix} -3 & -6 & -3 \\ -9 & -3 & 3 \end{pmatrix}$

(3) $\begin{pmatrix} 2 & -4 & 6 \\ 0 & 0 & 8 \\ 0 & 0 & -4 \end{pmatrix}$

3. $2AA^T=\begin{pmatrix} 18 & 6 & -42 \\ 6 & 2 & -14 \\ -42 & -14 & 98 \end{pmatrix}$, $BB^T=29$

4. $a=-1, b=3, c=4$

연습문제 4.3

1. (1) -9

(3) -3

3. (1) -4

연습문제 4.4

1. (1) $\lambda=4$: $\begin{pmatrix} 1 \\ 1 \end{pmatrix}$, $\lambda=6$: $\begin{pmatrix} 1 \\ 3 \end{pmatrix}$

(3) $\lambda=2$: $\begin{pmatrix} 1 \\ 1 \end{pmatrix}$, $\lambda=4$: $\begin{pmatrix} 1 \\ 3 \end{pmatrix}$

2. (3) $\begin{pmatrix} -1 & 0 \\ 0 & 2 \end{pmatrix}$

연습문제 5.1

1. $y=\frac{1}{ce^{-x}+1}$

4. $y=2x+\frac{3(1+ce^{6x})}{1-ce^{6x}}$

5. $y=x\ln(\ln|x|+e)$, $x>e^{-e}$

7. $y^2=\frac{1}{cx^2+2x}$

연습문제 5.2

5. $y(x) = \cos 2x + \sin 2x + 2e^{\frac{\pi}{2} - 2x}$

연습문제 5.3

1. $y = \dfrac{x}{\ln x + C}$

2. $y = \left(\dfrac{1}{2} + Ce^{-3x^3}\right)^{\frac{1}{3}}$

5. $y(x) = \dfrac{1}{\sqrt{-2x^3 + 3x^2}}$

7. $y = \sqrt{1 + 8e^{-x^2}}$, $(x \in R)$

연습문제 6.1

2. $-\dfrac{1}{4x^2}$

4. $\dfrac{\sin x}{x}$

연습문제 6.2

1. $y = c_1 e^{-3x} + c_2 e^{x}$ (c_1, c_2는 임의의 실수)

3. $y = c_1 e^{-x} + c_2 x e^{-x}$ (c_1, c_2는 임의의 실수)

연습문제 6.3

3. $(C_1 + C_2 \ln x)x^3$

7. $y = c_1(x+3)^3 + c_2 \dfrac{1}{x+3}$

9. $y(x) = \dfrac{1}{2x+1}(C_1 + C_2 \ln(2x+1))$

연습문제 6.4

2. $y = C_1 e^{-2x} + C_2 e^{2x} - \dfrac{8}{4+\pi^2}\cos(\pi x)$

4. $y = C_1 e^{-x} + C_2 x e^{-x} - \dfrac{3}{2}x^2 e^{-x}$

$$-\frac{1}{2}e^{-2x}\sin x + 2x^2 - 8x + 12$$

6. $y = C_1 \cos x + C_2 \sin x + \dfrac{1}{4}x(-\cos x + \sin x)$

8. $y = xe^{2x} + \dfrac{x^2}{2}e^{2x} + 2x^2 + 4x + 3 - e^{2x}\cos x$

11. $y = (C_1 - x)e^{2x}\cos x$

$$+ (C_2 + \ln(\sin x))e^{2x}\sin x$$

14. $y = C_1 e^{-2x} + C_2 e^{-x} + \dfrac{1}{6}e^{x}$

연습문제 7.1

1. $y = C_1 \begin{pmatrix} 1 \\ 1-\sqrt{2} \end{pmatrix} e^{(3-\sqrt{2})t}$

$$+ C_2 \begin{pmatrix} 1 \\ 1+\sqrt{2} \end{pmatrix} e^{(3-\sqrt{2})t}$$

3. $y = C_1 \begin{bmatrix} 1 \\ -1 \end{bmatrix} e^{-6t}$

$$+ C_2 \left(\begin{bmatrix} 1 \\ -1 \end{bmatrix} te^{-6t} + \begin{bmatrix} 1 \\ -\frac{3}{2} \end{bmatrix} e^{-6t} \right)$$

5. $y_1 = (c_1 + c_2 t)e^{3t}$, $y_2 = -(c_1 + c_2 + c_2 t)e^{3t}$

7. $y = c_1 e^{-t} + c_2 e^{-5t}$

9. $y = \cos 2t - \sin 2t$

연습문제 7.2

4. $y = c_1\begin{pmatrix}1\\1\end{pmatrix}e^{-2t} + c_2\begin{pmatrix}1\\-1\end{pmatrix}e^{-4t}$

$-2\begin{pmatrix}1\\1\end{pmatrix}te^{-2t} + \begin{pmatrix}-2\\2\end{pmatrix}e^{-2t}$

5. $y = \begin{pmatrix}te^t\\ te^t - \frac{1}{2}e^t + te^{-t}\end{pmatrix}$

6. $Y = c_1\begin{pmatrix}-2\\1\end{pmatrix}e^{-4t} + c_2\begin{pmatrix}1\\1\end{pmatrix}e^{-t} + \begin{pmatrix}\frac{2}{3}\\ -\frac{1}{3}\end{pmatrix}te^{-4t}$

$+\begin{pmatrix}-\frac{1}{3}\\0\end{pmatrix}e^{-4t} + \begin{pmatrix}\frac{3}{2}\\ \frac{9}{4}\end{pmatrix}t + \begin{pmatrix}-\frac{15}{8}\\ -\frac{33}{16}\end{pmatrix}$

연습문제 8.1

1. $\frac{C}{P}$

3. (1) 203

(2) 543318346

5. 약 10분

연습문제 8.2

1. 약 37970년 전

2. 5715년 전

4. 981

5. 0.079g

연습문제 8.3

1. 약 5.5분

3. 약 $15(^\circ C)$

연습문제 8.4

1. $y(t) = \frac{c}{e^{-t} + c}$

5. (1) $P(t) = \frac{1}{0.023e^{-0.1t} + 0.001}$

7. 1.63톤

연습문제 8.5

1. $100e^{-\frac{1}{200}}$

6. $\begin{cases} y_1' = 2(0) + 2\left(\frac{y_2}{20}\right) - 4\left(\frac{y_1}{10}\right) \\ y_2' = 4\left(\frac{y_1}{10}\right) - 4\left(\frac{y_2}{20}\right) \end{cases}$

연습문제 9.1

1. 약 100분

3. $5e^{(-\frac{5}{12}\ln 2)t}$

5. 약 5.16시간

연습문제 9.2

3. 24시간, 약 $428\mu g$

4. $\frac{k_1}{k_2} + Ce^{-k_2 t}$

연습문제 9.3

1. $$y(t) = C_1 e^{\frac{-\beta + \sqrt{\beta^2 - 4\alpha}}{2}t} + C_2 e^{\frac{-\beta - \sqrt{\beta^2 - 4\alpha}}{2}t}$$

2. $$x(t) = e^{-0.2t}\left\{-\frac{1}{4}\sin(0.3t)\right\},$$

$$y(t) = e^{-0.2t}\left\{\frac{3\cos(0.3t) - 2\sin(0.3t)}{20}\right\}$$

연습문제 9.4

3. (1) 0.6

   (2) $S_2 = 15.47,\ I_2 = 3.93,\ R_2 = 0.6$

| 찾아보기 |